Stefano Calandra

Prevedere i terremoti osservando il cielo: un'incredibile avventura!

Prima parte

KEU

— 2023 —

Prevedere i terremoti osservando il cielo: un'incredibile avventura!

di Stefano Calandra

ISBN 978-9925-8037-2-9

© 2024 KEU Edizioni - Cipro

I edizione – giugno 2024

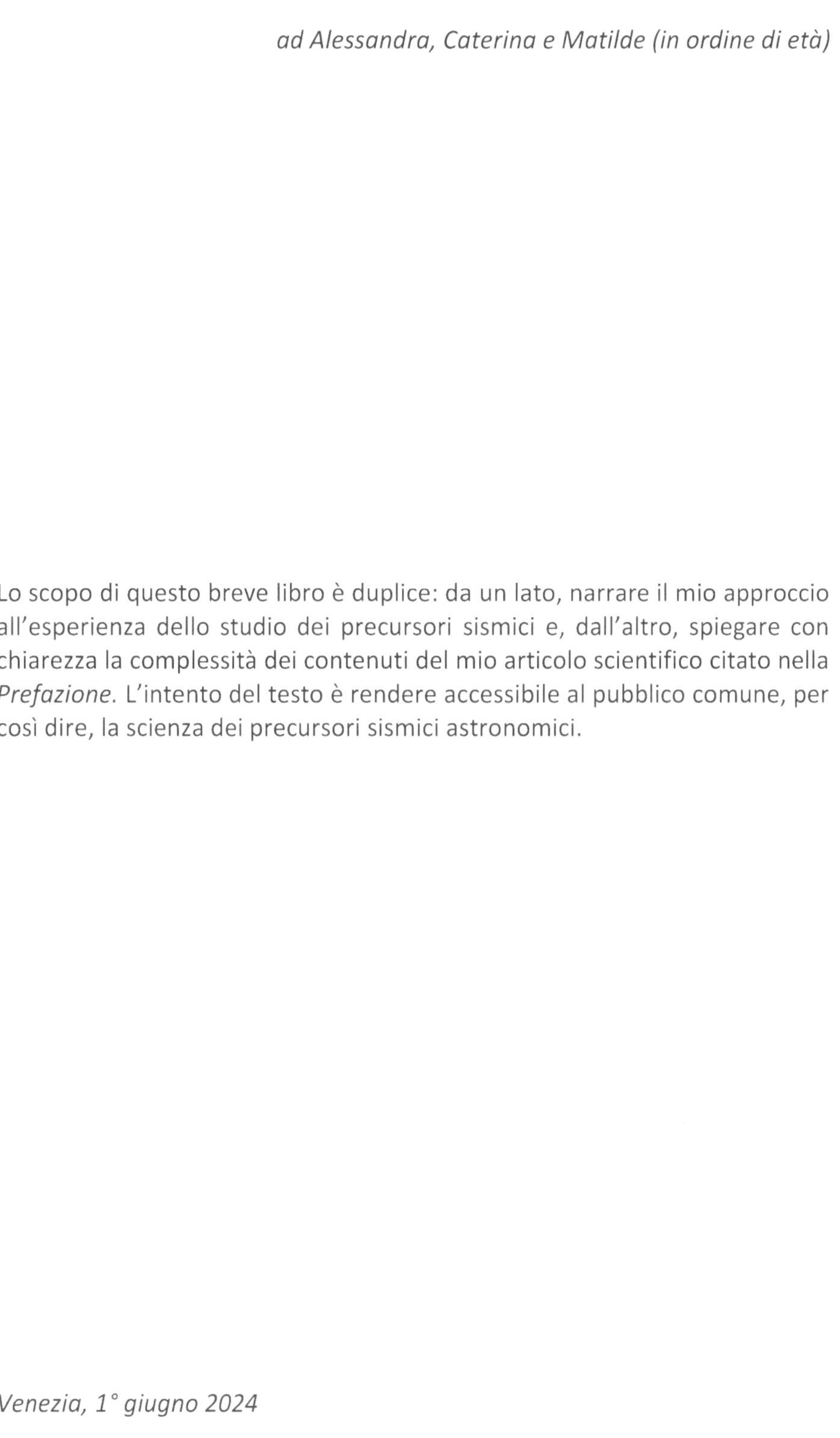

ad Alessandra, Caterina e Matilde (in ordine di età)

Lo scopo di questo breve libro è duplice: da un lato, narrare il mio approccio all'esperienza dello studio dei precursori sismici e, dall'altro, spiegare con chiarezza la complessità dei contenuti del mio articolo scientifico citato nella *Prefazione.* L'intento del testo è rendere accessibile al pubblico comune, per così dire, la scienza dei precursori sismici astronomici.

Venezia, 1° giugno 2024

Prefazione (a cura di R. Pigro)

Questo libro rappresenta un viaggio nel cuore della ricerca scientifica sperimentale condotta da Stefano Calandra con il contributo di Daniele Teti. I loro studi, gli esiti delle loro scoperte potrebbero rivoluzionare la sismologia moderna.

Nel 2016, a seguito dei catastrofici terremoti che colpirono Amatrice e altre aree del Centro Italia, Calandra ha avviato un percorso di ricerca solitario e impegnativo. In un ambiente accademico scettico, nel quale l'idea di poter prevedere i terremoti era derisa *a priori*, Calandra non si è dato per vinto, convinto che ci fosse un modo per leggere il cielo e così prevedere i maggiori eventi tellurici, salvando preziose vite umane.

Nonostante i limitati mezzi a disposizione, Calandra ha sviluppato e raffinato il concetto dei "precursori sismici astronomici". Il suo primo articolo accademico, pubblicato sulla rivista scientifica internazionale *NCGT Journal* nel marzo 2024, dimostra che alcune condizioni astronomiche possono effettivamente influenzare l'attività sismica sulla Terra. Ignorando critiche e pregiudizi, Calandra ha proseguito la sua missione senza alcun tornaconto personale, mosso soltanto dal nobile desiderio di rendere un servizio utile alla collettività.

Questo libro, che amplia e illustra in italiano il contenuto dell'articolo di cui sopra (doi: 10.13140/RG.2.2.19714.08646 – inquadra il QR code), getta le basi per un nuovo approccio alla sismologia e una nuova èra nella previsione dei terremoti. Con uno stile divulgativo e un linguaggio accessibile, Calandra mostra come la previsione dei sismi basata sulle posizioni dei pianeti e sui loro allineamenti possa diventare parte integrante del  dibattito pubblico e della conoscenza condivisa; una conoscenza non più riservata ad una comunità scientifica impermeabile a intuizioni e contributi esterni e chiusa a riccio su di sé, ma estesa all'intera società civile. Il lavoro instancabile di Stefano Calandra è un esempio di determinazione e tenacia. Le sue scoperte, sempre più precise e attendibili, hanno del clamoroso, e, se suggellate da futuri approfondimenti e conferme, potrebbero segnare una svolta nella storia della scienza. Questa *Prefazione* vuol essere quindi un tributo all'acume di un ricercatore indipendente che, a suon di dati incontrovertibili, sta dimostrando brillantemente come il terremoto non sia un nemico invisibile, se è vero che può essere previsto – più ancora di un'ondata di maltempo o un'esondazione – con largo anticipo, così da limitarne il più possibile i danni ed i disagi.

Premesse personali storiche

Sono due le premesse storiche che mi hanno convinto a fondare nel 2020 la startup EqForecast[1] per poi progettare e rilasciare nell'agosto 2021 – prima al mondo – l'app di Allerta Pre-sismica EqForecast, ora in mano a migliaia di utenti residenti in zona sismica del territorio italiano. Entrambi gli eventi sono avvenuti nell'anno 2016.

24 agosto 2016, h. 15:00 UTC

Era un pomeriggio di fine estate baciato dal sole sulla spiaggia delle Quattro Fontane, al Lido di Venezia. L'aria era calda e vibrante, ma la brezza che sferzava dall'oceano prometteva un po' di refrigerio con l'avvicinarsi del tramonto. La sabbia scottava sotto i piedi mentre mi incamminavo verso la battigia, ammirando il mare che sfumava dal turchese al blu profondo dell'orizzonte. Sulla riva, i miei amici si erano radunati per una partita di calcio improvvisata: risate e grida di entusiasmo riempivano l'aria mentre correvano dietro al pallone. Altri, invece, si divertivano con i racchettoni. Schiocchi e battiti ritmici si univano, così, al canto delle onde. Mentre osservavo la scena, un gruppo di amici mi chiamò a gran voce, invitandomi ad unirmi a loro. Sentivo il richiamo del mare, ma la mia mente era rivolta altrove.

Mi sedetti su una sdraio, estrassi il mio telefono e avviai un'app che simulava il Sistema solare. Sono sempre stato un amante dell'astronomia, e sin da piccolo avevo convinto i miei genitori a regalarmi un telescopio, per osservare la Luna. Non so perché proprio quel giorno ero curioso di conoscere come erano posizionati i pianeti: di solito era una cosa che facevo la notte, dopo il tramonto. Con occhi attenti, osservai con meraviglia i pianeti. Marte, il cosiddetto pianeta rosso, che vediamo brillare nel cielo come una gemma ardente. Giove che domina con la sua imponente

presenza. Saturno, che vediamo di solito avvolto dai suoi anelli scintillanti, catturava lo sguardo e l'immaginazione, mentre il Sole brillava al centro dello schermo, emanando la sua luce dorata. La loro posizione rispetto alla Terra era perfettamente rappresentata, creando un quadro affascinante di armonia celeste e connessione cosmica.

---

[1] EqForecast è una startup innovativa nata nel 2020, ai sensi della normativa vigente (DL 179/2012, art. 25, comma 2), cioè un'impresa giovane, ad alto contenuto tecnologico, con forti potenzialità di crescita, in grado di rappresentare per questo un riferimento nel campo della previsione sismica nei prossimi anni.

Mentre ero assorto nell'osservare la disposizione dei pianeti sullo schermo del mio telefono, un brivido di sgomento mi attraversò quando una notifica improvvisa balzò sul display. Era una notizia allarmante, che raccontava dei

danni causati da una forte scossa di terremoto, con epicentro nel comune di Accumoli, avvenuta la notte precedente: un terremoto di magnitudo 6.0, un evento sismico che aveva scosso l'Italia centrale, coinvolgendo 140 comuni e 600 mila persone.

La notizia fece eco nella mia mente mentre contemplavo la schermata dell'app. Le posizioni dei pianeti, i cui movimenti avevo appena osservato con tanta curiosità, sembravano ora assumere un significato più profondo. **Giove, Saturno, Marte, Venere, Mercurio e persino la Luna si posizionavano in due linee quasi perfette.** Era un'immagine suggestiva, che mi ricordava i concetti di gravitazione universale di Newton e di fisica vettoriale appresi a scuola. Riflettevo sulla straordinaria coincidenza: poche ore prima di quel terribile terremoto, i pianeti sembravano danzare in una coreografia cosmica perfetta.

La distanza angolare tra le due linee di pianeti, inoltre, era di circa 90°, un allineamento così preciso che non poteva essere ignorato. In quel momento, una serie di domande affollò la mia mente. Era possibile che l'allineamento planetario avesse influenzato l'attività sismica sulla Terra? Era questa la chiave per comprendere e magari addirittura prevedere i terremoti?

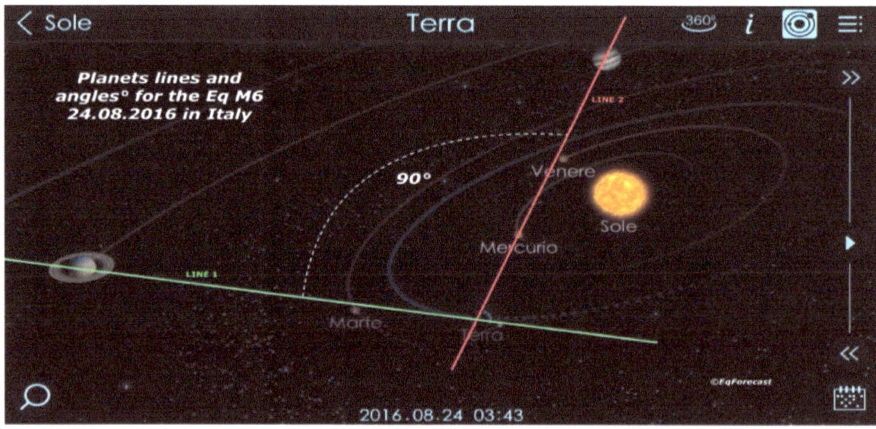

26 ottobre 2016, h. 17:10 UTC

Era il 26 ottobre 2016: una data destinata a segnare una svolta nella mia vita e, forse, nella storia d'Italia. Avevo dedicato mesi di studio e ricerca alla comprensione dei legami tra i movimenti celesti e i terremoti che scuotevano la Terra. E quel giorno, quel preciso istante, sarebbe stato il momento in cui le mie teorie avrebbero trovato una prima conferma. Erano passati poco più di due mesi dal terremoto che aveva colpito l'Italia centrale il 24 agosto 2016, con epicentro nel comune di Accumoli. Quel sisma, di magnitudo 6.0, aveva causato la morte di 299 persone e gravi danni a numerosi paesi e città, tra cui Amatrice, Arquata del Tronto e Accumoli. Le ferite dell'Italia erano ancora aperte, ma io non potevo permettermi di restare inerte di fronte a tanto dramma.

Avevo una missione, quasi un'ossessione: trovare un modo per prevederli e mitigare il dolore causato da queste catastrofi naturali così frequenti e violente nel nostro Paese. E così, quella mattina, ero immerso in una discussione serrata con il mio collaboratore Enzo. Avevamo individuato delle anomalie nei dati astronomici, delle correlazioni tra le posizioni dei pianeti e alcuni movimenti tellurici. Avevo delle prove, delle intuizioni che non potevo ignorare. Scrissi a Enzo su Messenger: *"Stasera potrebbe esserci il botto!"*.

Avevo compreso che, quando due o più pianeti si trovano in linea con la Terra, le loro forze gravitazionali si sommano, creando uno stress litostatico sulle faglie sismiche. Era una teoria audace, basata sulla legge di Newton e su anni di mie osservazioni e analisi. E quel giorno, quel fatidico 26 ottobre, sentivo nell'aria il presagio di una possibile catastrofe imminente.

Chiesi a Enzo come avvertire gli utenti del mio gruppo Facebook di questo potenziale rischio sismico. Egli mi consigliò prudenza nel tono del messaggio, per evitare di seminare panico e allarme ingiustificato. E così scrissi un bollettino informativo nel mio gruppo Facebook "Earthquakes Forecast - The Gravitational Theory". Spiegai dettagliatamente ciò che avevo osservato, informando dell'incombente pericolo: *"In base al modello teorico per la serata e nottata del 26/10, si raccomanda un'attenzione particolare perché alcuni parametri fanno pensare ad un possibile evento sismico di un certo rilievo in AREA MEDITERRANEA"*.

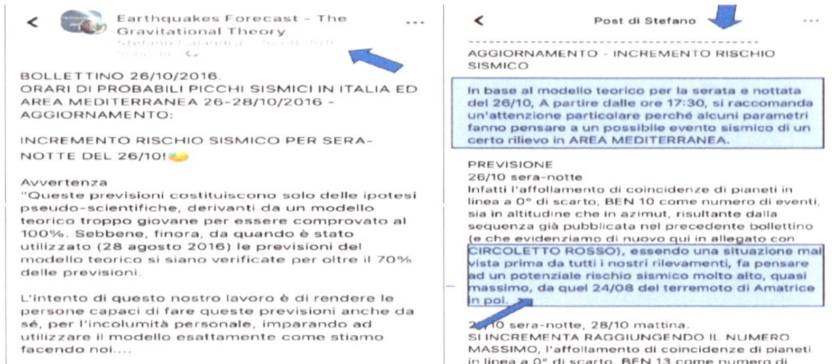

Spiegai che l'affollamento di coincidenze planetarie, ben dieci eventi di coppie di pianeti in allineamento quasi perfetto con la Terra, determinava una situazione quasi mai vista prima.

Quella sera, le mie previsioni si stavano avverando. Come dicevo, ero in contatto con Enzo, il mio collaboratore, discutendo dei dati e delle osservazioni più recenti.

Poi, come temuto e previsto, il terremoto *arrivò.* Due scosse di magnitudo superiore a 5.0 Richter scossero l'Italia quella sera del 26 ottobre, colpendo il cuore del Centro Italia. Nuovi villaggi non ancora provati dallo sciame sismico di Amatrice vennero sconvolti da un sisma che lasciò dietro di sé la paura, tra i paesi colpiti furono inclusi Camerino, Visso, Ussita e molte altre località delle Marche e dell'Umbria. Le scosse furono violente e prolungate, causando il crollo di numerosi edifici già strutturalmente vecchi e precari. Migliaia di persone furono costrette a lasciare le proprie case, cercando rifugio in tende e strutture di emergenza. Le strade si riempirono di macerie e di grida disperate, mentre i soccorsi affluivano dalle regioni circostanti.

Mentre le case tremavano e il terreno si scuoteva, due cose erano chiare: alcune persone si erano salvate dal crollo delle proprie abitazioni perché qualcuno le aveva avvertite. Dai messaggi ricevuti, **contai almeno dodici vite umane salvate da me quel giorno**! In secondo luogo, gli algoritmi e i parametri del mio modello non avevano sbagliato. C'era una relazione causa-effetto tra la posizione dei pianeti e i terremoti. Non si trattava più solo di una teoria, ma di una verità scientifica.

Dopo le scosse infatti ricevetti decine di messaggi di ringraziamento e di riscontro, come quelli che leggete qui, nella pagina a fianco. Persone che avevano trovato rifugio grazie alle mie previsioni, che avevano visto salva la propria vita grazie alla mia ricerca. Era un'emozione travolgente, un senso di gratitudine e di responsabilità che mi accompagnava ogni giorno.

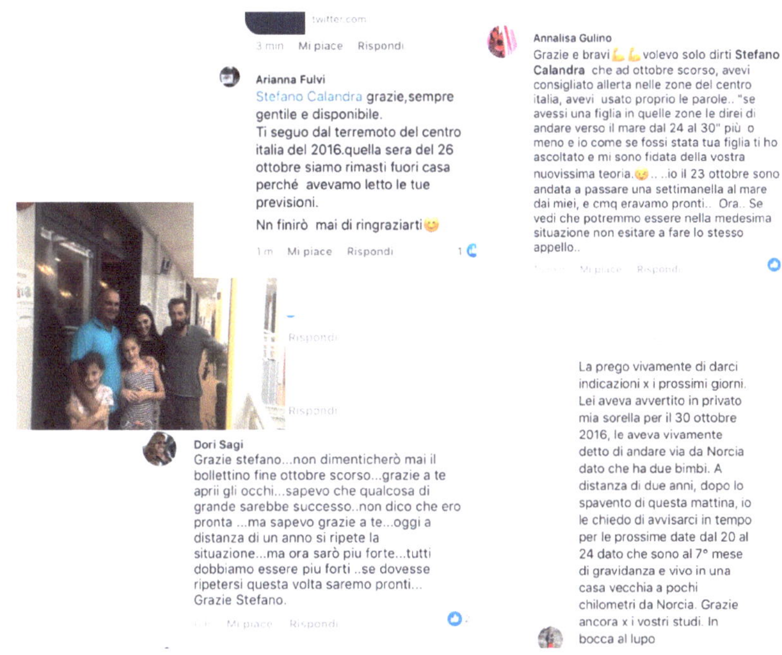

Riconoscente per i numerosi messaggi di apprezzamento, mi recai nei mesi successivi nei luoghi colpiti dal terremoto, dove incontrai alcune di queste persone e visitai anche il monte Vettore (Arquata del Tronto), giungendo nel punto esatto in cui, quella notte del 24 agosto 2016, la faglia aveva fatto crollare parte della montagna di oltre un metro: potete vedere le frecce rosse nella foto. Incontrai anche alcuni di voi, che mi avevate invitato a venire a trovarvi.

Anche i giornali ne parlarono, in una veste che oscillava tra il serio e il faceto. Vedi «il Giornale» del 28 ottobre 2016: con tanto di QR code per visionare l'articolo.

Il mio percorso verso la previsione dei terremoti

Dopo quei mesi intensi, ricchi di eventi e conoscenze, intrapresi un viaggio straordinario: la ricerca sulla previsione dei terremoti. Con le mie nozioni di astronomia da dilettante, il mio *background* in economia e le competenze statistiche acquisite durante il mio percorso accademico, mi immersi in un mondo di conoscenze legate al mondo antico e moderno. Andai indietro nel tempo con le letture, da articoli scientifici contemporanei fino alla *Naturalis Historia* di *Plinio il Vecchio*. Nel novembre 2019 alla biblioteca Querini di Venezia feci estrarre questa enciclopedia, una sorta di *"Treccani dell'Antichità"*, per trovare una delle testimonianze storiche più importanti di tutto il corpus della mia ricerca sull'influenza dei pianeti sui terremoti. La citazione più antica in questo contesto associa i terremoti agli allineamenti e alle quadrature del Sole con Marte, Giove e Saturno. Plinio il Vecchio (Italia, 23-79 d.C.)[2] afferma: *"Babyloniorum placita et motus terrae hiatusque, qua cetera omnia, siderum vi existimant fieri, sed illorum trium, quibus fulmina adsignant, fieri autem meantium cum sole aut congruentium et maxime circa quadrata mundi"*. "Le tradizioni scientifiche babilonesi sostengono che anche i moti e le fratture della Terra, come tutte le altre cose, avvengono per la forza dei pianeti, in particolare di quei tre, ai quali assegnano i fulmini, ma si verificano in particolare quando ruotano con il Sole o sono in congiunzione e soprattutto intorno alle quadrature (90°)."

---

[2] Plinio il Vecchio, *Naturalis Historia*, rist., vol. II, Torino, Einaudi, 2005.

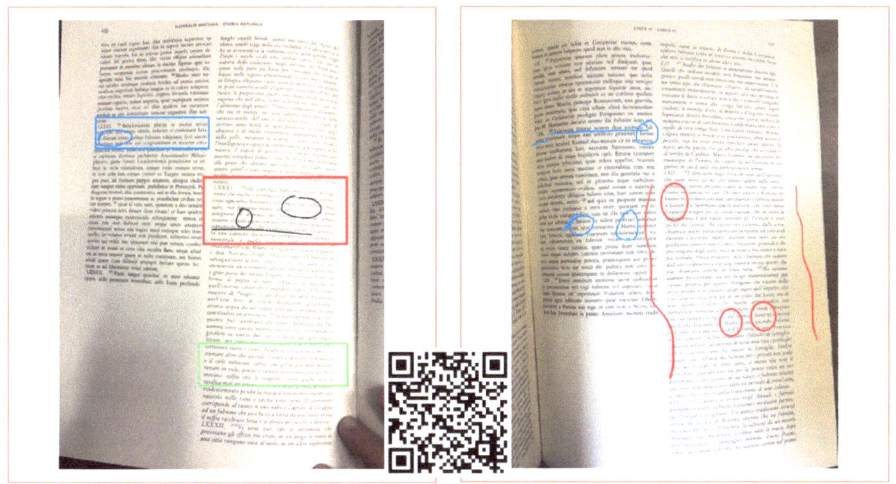

I tre pianeti ai quali "sono assegnati i fulmini" sono – lo capii consultando altri loci dell'enciclopedia di Plinio – i più grandi ed esterni alla Terra e cioè **Marte, Giove e Saturno** (inquadrate il QR code per vedere nel dettaglio). Tenendo a mente questi tre pianeti ho proseguito la mia ricerca fino ai giorni nostri, creando un apposito algoritmo di correlazione tra le loro posizioni in corrispondenza di numerosi terremoti del passato accaduti dal 1600, sfruttando il potenziale del mio Mac. Insieme ad un collaboratore informatico ho creato e implementato negli anni un apposito software personalizzato che mi ha consentito di creare e calcolare a mio piacimento le altezze, gli azimut, le distanze angolari, la forza Newton esercitata in ogni istante da questi corpi celesti nei confronti di un Osservatore posto sulla superficie terrestre.

Attraverso uno studio attento, ho cercato di individuare nuovi algoritmi che potessero evidenziare correlazioni ricorrenti, offrendo così valori utili per le previsioni di terremoti futuri. In questo percorso, ho fatto affidamento sulla geometria celeste delineata dalle leggi di Johannes Kepler, che hanno fornito un quadro fondamentale per comprendere le dinamiche planetarie e la loro possibile influenza sull'attività sismica terrestre. Da allora ogni pagina letta rappresentò un tassello nella mia ricerca della verità.

E così iniziò una delle più grandi avventure della mia vita, guidata dalla curiosità e dalla sete di sapere.

Introduzione

Questo breve elaborato costituisce un compendio al mio studio preliminare edito nel marzo 2024, in cui **con il co-autore Daniele Teti** propongo un nuovo approccio per indagare la relazione tra corpi celesti e terremoti. Elaborando duecento esperimenti di verifica delle posizioni dei 7 pianeti del Sistema solare, del Sole e  della Luna in corrispondenza temporale all'innesco di altrettanti terremoti con magnitudo superiore a 4.3 Richter estratti a caso dal 1600 al 2022 in Italia, ci siamo concentrati su due delle tre dimensioni (quando, quanto, dove) della previsione sismica. Abbiamo verificato cioè come le masse dei 7 pianeti del Sistema solare, della Luna e del Sole influenzano sia il tempo dell'innesco che la magnitudo dei terremoti.

La previsione del *"dove"*, cioè le correlazioni tra posizioni angolari di pianeti e luogo dell'innesco, sarà invece oggetto di uno scritto successivo.

Una più vasta metodologia di previsione sismica sarà descritta infatti in futuri miei articoli, ed è peraltro già stata applicata e fornita a migliaia di utenti residenti in zona sismica in Italia, tramite il *SAP - Servizio di Allerta Pre-sismica costituito dall'app EqForecast (vedi QR code sopra)*, scaricabile dal 2021 dagli *stores* iOS e Android. I due principali risultati dello studio sono riassunti nell'apposita sezione "Risultati", nel prosieguo del libro.

L'ambito scientifico della mia ricerca di base

In generale, la locuzione "previsione dei terremoti" è stata usata con cautela e associata principalmente alla ricerca di base, piuttosto che ai campi applicativi. I ricercatori storicamente hanno esplorato vari precursori non planetari di terremoti forti, tra cui i principali: lo studio dei campi elettromagnetici, le emissioni soniche e neutroniche, l'attività solare, le oscillazioni geografiche, le anomalie nei valori di latitudine e longitudine dei terremoti precursori, i movimenti delle placche tettoniche mediante GPS e la presenza di gas radon. Per gli approfondimenti bibliografici vedi la sezione 1 dell'articolo. Le istituzioni generalmente non sostengono la ricerca sui precursori sismici. Esiste solo un caso[3] in Cina, in cui viene menzionato il sostegno ufficiale alla ricerca sulla previsione dei terremoti.

---

[3] H. Yanben, L. Zhian, H. Hui, "Interdisciplinary Studies of Astronomical Factors and Earthquakes in China," in *Geodesy on the Move*, vol. 119, R. Forsberg, M. Feissel, R. Dietrich, Eds., in International Association of Geodesy Symposia, vol. 119, Berlin, Heidelberg: Springer Berlin Heidelberg, 1998, pp. 465-471, doi: 10.1007/978-3-642-72245-5_77.

Il governo cinese in quel caso sostenne alla fine degli anni Sessanta e Settanta chi studiava le correlazioni tra le posizioni dei corpi celesti nel Sistema solare e i terremoti.

Questo studio analizza il potenziale legame tra *le posizioni dei corpi celesti* e la magnitudo dei terremoti, concentrando l'attenzione sui pianeti, la Luna e il Sole e seguendo principalmente questa linea di ricerca. È possibile capire di più del modello a cui mi riferisco in questo libro, prendendo visione del video di 5 minuti che illustra il progetto EqForecast (vedi QR code).

La ricerca storica ha esaminato anche una seconda forma di *correlazione, quella tra il tempo dei terremoti e gli effetti delle maree del Sole e della Luna.*

Fra tutte le ricerche in questo ambito ne cito solo due (ma nell'articolo scientifico la bibliografia è molto più numerosa).

La prima è quella di Ide e Tanaka (2016)[4], che ha analizzato l'impatto meccanico delle maree su vari tipi di faglie. L'evidenza supporta le correlazioni tra i picchi/minimi dell'azione di marea dovuti al Sole e alla Luna e i terremoti in tutti i tipi di faglie (normali, inverse, orizzontali).

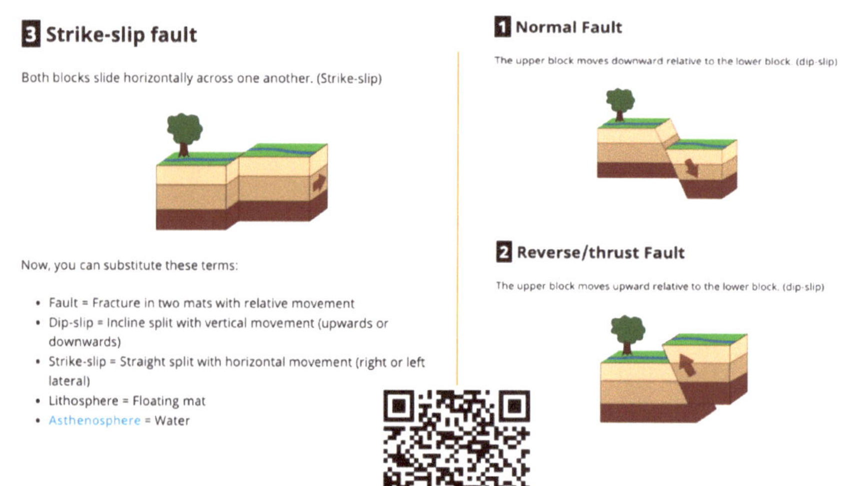

---

[4] S. Ide, S. Yabe, Y. Tanaka, "Earthquake Potential Revealed by Tidal Influence on Earthquake Size-Frequency Statistics," *Nature Geoscience*, vol. 9, no. 11, pp. 834-837, Nov. 2016, doi: 10.1038/ngeo2796.

La seconda ricerca importante è italiana ed è molto recente: si tratta di quella di Vespe, Zaccagnino e Doglioni (2020)[5]. *Da questa ha preso corpo tutto l'impianto argomentativo del mio studio*, perché essa approfondisce come *le forze gravitazionali, in particolare le componenti orizzontali e verticali delle maree, possano innescare la sismicità nel tempo.*

La componente verticale delle maree lunisolari, solide e liquide, può innescare la sismicità dopo decenni o secoli di quiete, quando si accumula energia orizzontale. I valori **di forza gravitazionale risultante (d'ora in poi: FR),** provenienti dal Sole, dalla Luna e dai 7 pianeti, creano una componente verticale di marea verso la crosta terrestre, dove si trovano le faglie che causano i terremoti. Questa influenza si estende oltre una singola faglia, interessando una regione più ampia della Terra, che corrisponde approssimativamente alle località colpite dai terremoti esaminati.
I terremoti si innescano quando la faglia raggiunge una soglia critica, su cui *la componente verticale della marea ne determina l'innesco.*

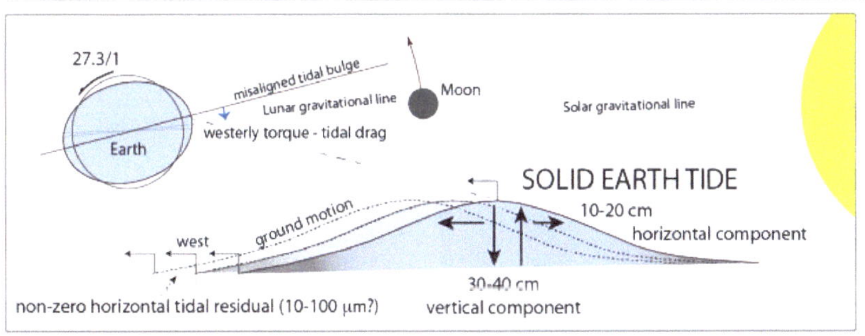

Fig. 19. Lunisolar tidal drag on the Earth. The Earth viewed from above the North pole rotates eastward about 28 times faster than the Moon and the tidal bulge is misaligned (≈0.1–0.3°?) relative to the gravitational alignment among the two celestial bodies, due to the delay generated by the anelastic component of our planet. The misplaced excess of mass and the faster rotation determine a westerly-directed torque on the lithosphere that is tuned by the tidal harmonics, which leave a non-zero horizontal component of the tidal drag, controlling plate velocities. Notice the longer "westerly" vector of the horizontal displacement which determines the residual.

---

[5] D. Zaccagnino, F. Vespe, C. Doglioni, "Tidal Modulation of Plate Motions," *Earth-Science Reviews*, vol. 205, p. 103179, Jun. 2020, doi: 10.1016/j.earscirev.2020.103179.

Nella figura precedente si vede come i ricercatori Vespe, Zaccagnino e Doglioni abbiano costruito graficamente lo schema di marea, mostrando le due componenti orizzontali e verticali.

Lo studio dei tre autori italiani ha teorizzato la presenza di una componente verticale di marea che contribuisce all'innesco, *ma non ha quantificato quanta FR ci voglia* per creare le condizioni astronomiche favorevoli ad un innesco sismico di quella specifica faglia.
Tuttavia ha calcolato che la componente verticale delle maree (sia solide che liquide) può innescare la sismicità solo quando viene raggiunta la soglia di energia orizzontale, ad esempio nell'arco di trecento anni: *"se assumiamo 0,48 kPa di stress orizzontale al passaggio del corpo di marea, per 365 giorni x due volte al giorno x 300 anni, risulterebbe più di 10 MPa, che è nell'ordine di una caduta di stress di un grande terremoto"*.

Queste sono le premesse più importanti al mio lavoro. Questa documentazione è relativamente recente, del 2020, e abbiamo anche la fortuna di averla in casa, essendo stata elaborata da ricercatori italiani! Pensate che non riuscivo a trovare alcun aggancio con la comunità scientifica per comprovare le mie tesi, che stavo studiando – come avete visto – dal 2016.
Proprio grazie al presidente dell'INGV Carlo Doglioni, con il quale ho avuto il pregio di essere in contatto più volte in via epistolare, ho potuto approfondire questo tema e trovare delle basi scientifiche nella *comunità scientifica tradizionale*, su cui poggiare l'impalcatura iniziale del mio modello di previsione dei terremoti, fondato sulla correlazione tra le forze gravitazionali esercitate dai pianeti e i terremoti.
Il sottoscritto è un ricercatore indipendente: non appartengo a nessuna istituzione scientifica. Purtroppo, ho intrapreso il mio percorso di scoperta e ricerca attraverso vie più informali. Il rischio che la mia ricerca non avesse basi scientifiche solide e non fosse considerata nel mondo scientifico era concreto. In particolare il secondo aspetto, ovvero la mancata considerazione da parte delle istituzioni nel mondo scientifico tradizionale, rimane un rischio attuale. Tuttavia il lavoro continua con ottimi risultati, come potrete leggere nelle prossime pagine.

Capitolo 1 – Terremoti e forze gravitazionali celesti

È possibile trovare una correlazione tra l'innesco dei terremoti e l'azione gravitazionale dei corpi celesti?

Con la statistica pare di sì, infatti se ad esempio calcoliamo, per ogni fascia di magnitudo di terremoti accaduti in Italia dal 1600 ai giorni nostri, quale fase lunare si registrava, si notano delle tendenze che ci consentono di *effettuare delle previsioni sulla magnitudo di futuri terremoti* con ragionevole attendibilità. Nel grafico seguente appare chiaro che nelle fasi lunari 3-4-5 c'è maggiore probabilità di terremoti forti maggiori di 5 Richter (striscia rossa positiva di ogni grafico, inquadrate il QR code per vedere nel dettaglio).

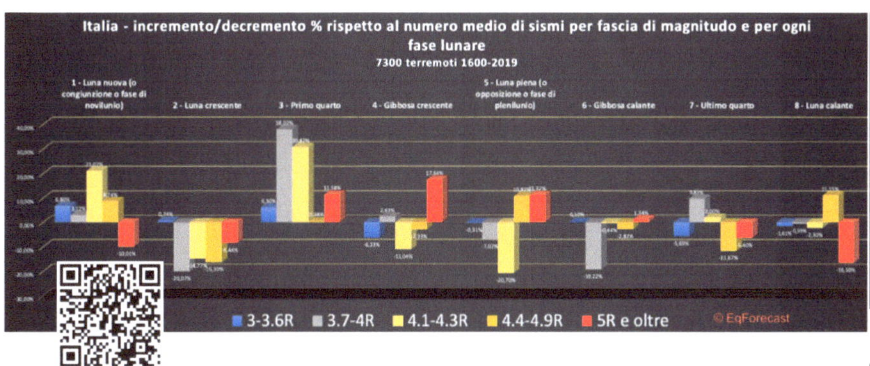

Ecco: pensate che, oltre a questa facile e intuitiva correlazione tra fasi lunari e magnitudo dei terremoti, è possibile ottenere gli analoghi risultati statistici analizzando anche le posizioni degli altri 7 pianeti del Sistema solare rispetto alla Terra, *ottenendo diversi algoritmi* da utilizzare contemporaneamente e dando così forza al calcolo per una buona previsione statistica. Su questo punto preferisco non approfondire per brevità, ma penso che quanto sto dicendo risulti intuitivo.

La correlazione fra innesco sismico e azione gravitazionale dei corpi celesti

Domanda: oltre alle correlazioni statistiche, è possibile individuare una relazione causale tra l'innesco dei terremoti e l'azione gravitazionale dei corpi celesti, in modo deterministico, cioè riuscendo a spiegarne le cause? Personalmente credo di sì, ed è per questo che ho iniziato a esaminare cosa accade quando cerco di stabilire una correlazione tra specifici valori delle forze gravitazionali generate dall'azione dei pianeti del Sistema solare, del Sole e della Luna sulla Terra, in coincidenza con l'innesco di terremoti significativi. Se dovessi *individuare dei valori ricorrenti di queste forze gravitazionali* in corrispondenza di ogni evento sismico, ciò costituirebbe una *legge di comportamento*, aprendo la strada alla teorizzazione di un modello di previsione sismica. Questi valori ricorrenti, come vedremo tra poco, li ho trovati, ma devo prima brevemente spiegarvi con quale meccanismo le forze gravitazionali dei 7 pianeti del Sistema solare, del Sole e della Luna innescano i terremoti.

Forze gravitazionali celesti e terremoti: un'analisi critica dei fattori d'innesco

Cominciamo con questa figura. Essa rappresenta una tabella delle forze gravitazionali esercitate dai corpi celesti del Sistema solare quando si trovano al loro perigeo. Sono calcoli teorici naturalmente, perché è quasi impossibile che tutti questi corpi celesti si trovino nello stesso momento nel punto più vicino alla Terra, cioè al perigeo. La somma totale delle forze gravitazionali risulta (in quella cifra in rosso, scritta in notazione esponenziale) pari a 369 seguito da 20 zeri, un valore Newton enorme!

Table of the gravitational forces exerted on Earth by Solar System celestial bodies at the perigee				
	Mass (10^24kg)	Perigee 10^9 (billions of m.)*	Max gravitational force	Max gravitational force (% of Moon)
SUN	1.989.000.000	147,00	3,67E+22	16614,6235%
MERCURY	0,330	82,50	1,93E+16	0,0088%
VENUS	4,870	39,79	1,23E+18	0,5552%
MOON	0,073	0,36	2,21E+20	100%
MARS	0,642	55,65	8,26E+16	0,0374%
JUPITER	1.898,000	591,97	2,16E+18	0,9777%
SATURN	568,000	1.204,28	1,56E+17	0,0707%
URANUS	86,800	2.586,88	5,17E+15	0,0023%
NEPTUNE	102,000	4.311,02	2,19E+15	0,0010%
Earth	5,970	-	-	-
TOT.			3,69E+22	

* Credit : J.E. Arlot, IMCCE/observatoire de Paris

$$\text{Gravitational force} \qquad F = \frac{GMm}{r^2}$$

Il calcolo della forza gravitazionale esercitata è quello noto eseguito da Isaac Newton[6] (1642-1726) e che trovate in fondo alla tabella.

Fisico e matematico inglese, forse il più grande scienziato di tutti i tempi, Newton scoprì nel 1665 la legge della gravitazione universale (che mostra come una stessa forza possa spiegare il moto degli oggetti sulla Terra e quello degli astri nel cielo) e le leggi del moto che ne conseguono.

---

[6] I. Newton, *Philosophiæ Naturalis Principia Mathematica*, in Early English Books Online / EEBO. Jussu Societatis Regiae ac Typis Josephi Streater. 1687.

Egli scrisse: *"Vires, quibus planetae primarii perpetuo retrabuntur a motibus rectilineis et in orbibus suis retinentur, respicere Solem, et esse reciproce ut quadrata distantiarum ab ipsius centro"*. "Le forze, per le quali i pianeti primari sono perpetuamente sottratti ai loro moti rettilinei e trattenuti nelle loro orbite intorno al Sole, dipendono reciprocamente dai quadrati delle loro distanze dal suo centro."

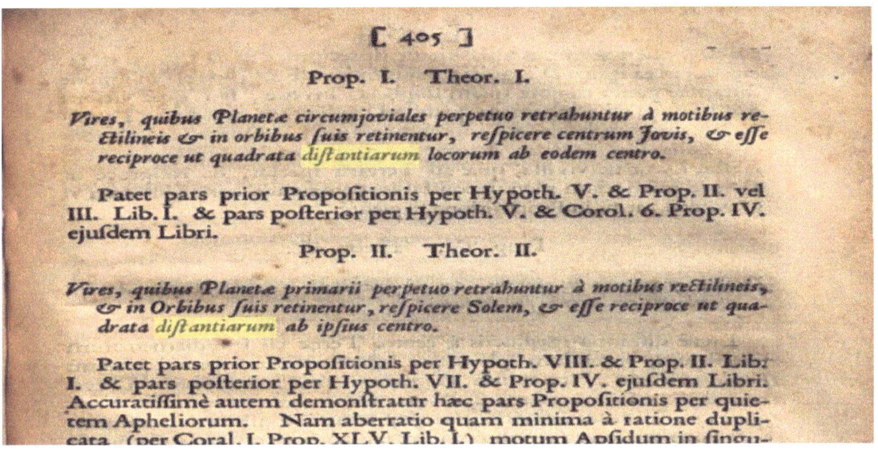

Ebbene, la domanda sorge spontanea: ma questo valore di forza gravitazionale totale potrebbe innescare un sisma sulla Terra? Tenendo conto che questo valore si disperde su tutta la superficie terrestre e anche al suo interno sferico, anziché essere concentrato su un solo punto, direi di no! Per calcolare quanta forza Newton venga esercitata al perigeo, possiamo prendere, per semplificare, la massima forza gravitazionale che la Luna può esercitare, la quale ha un ordine di grandezza molto maggiore di tutti gli altri pianeti: tanto maggiore che, a parte il Sole, le forze gravitazionali esercitate dagli altri pianeti risultano trascurabili.

La Luna può sollevare suppergiù appena 1 mg di materiale verticalmente di 1 metro, su 1 metro quadro della Terra. In un'area di 1000 metri quadrati, si solleverebbe appena 1 grammo: un quantitativo piuttosto esiguo per causare lo spostamento di una faglia nella crosta terrestre! Ricordate poi il valore di forza necessario richiesto dai calcoli per immagazzinare l'energia necessaria per un forte terremoto, come accennato a pagina 12? Circa 10 megajoule per metro (o megapascal per metro quadro: è lo stesso) di forza è necessario vengano immagazzinati nel corso di 300 anni nella faglia, al fine di sollevare di 1 metro poco più di 100 tonnellate di massa: ma potrebbe bastare una forza gravitazionale verticale istantanea, esercitata in poche ore dalla Luna, capace di alzare 1 grammo in un'area estesa 1000 metri quadrati per – come si suol dire – "far traboccare il vaso"? Temo di no, a occhio e croce.

Quindi, con **l'energia lunare** di **3.11×10−5 joule** di energia, puoi sollevare circa **1 mg** di materiale, verticalmente di 1 metro sulla Terra.

Si tratta di una quantità estremamente piccola, sottolineando quanto sia limitata l'energia disponibile in questo contesto.

Credo che allora siamo un po' fuori strada se cerchiamo nella forza gravitazionale esercitata dai pianeti, e misurata al momento dell'innesco sismico, un qualche valore che possa smuovere così tanta terra!

In tutti gli esperimenti ho trovato valori gravitazionali intermedi che non mi davano nessuna ragione di pensare che potessero fornire una statistica adeguata alla previsione sismica.

Evidentemente, se c'è la possibilità che le forze gravitazionali risultanti esercitate dai corpi celesti del Sistema solare possano causare un terremoto, forse il calcolo va svolto in un altro modo.

Provando e riprovando, sperimentando per mesi e mesi, il 12 dicembre 2020 ho trovato il bandolo della matassa.

L'ipotesi principale di questo studio è quindi che l'innesco sismico per i terremoti non sia guidato dalla forza gravitazionale risultante assoluta (che chiameremo FR) dei corpi celesti, bensì dall'estrema stabilità o instabilità della deviazione standard di FR (σFR) entro una finestra di 24-48 ore.

Nel video, che potete comodamente visualizzare inquadrando il QR code qui a fianco, viene spiegato con immagini e parole questo concetto e come io ci sia arrivato. I video sono due, alla fine del primo vi appare l'icona del secondo: cliccateci sopra per proseguire con la seconda parte. Vi consiglio di attivare anche i  sottotitoli (cliccate sulla rotellina in alto su YouTube), per una migliore comprensione. I sottotitoli sono *in italiano e inglese.*

Capitolo 2 – Il primo filone di indagine

I due principali risultati del mio studio

Visto il video? Se lo avete inteso, potete seguirmi in questa sezione del libro. Contrariamente a quanto si fa di solito, anticipo ora i due principali risultati del lavoro: parlerò solo successivamente del metodo, proprio per agevolare la curiosità e la pazienza disciplinata di tutti i miei lettori, che certamente non hanno, se non per piccola parte, una laurea in geologia o in astronomia. Il mio lavoro (ricordo che questo è un lavoro preliminare, a cui altri seguiranno per l'affinamento del metodo) ha determinato dei valori di riferimento basati sull'analisi di duecento terremoti, che hanno consentito di affermare in primo luogo che *ci sono dei parametri precisi delle forze gravitazionali (componente verticale: vedi, sopra, l'*Introduzione*), per i quali l'innesco sismico avviene.* In secondo luogo, c'è una relazione tra le posizioni angolari relative dei pianeti del Sistema solare con la Terra e la magnitudo dei terremoti.

Il primo filone di indagine. Il range di valori gravitazionali che innescano il sisma

Quanto al primo aspetto, *possiamo dire quale è il range della variazione delle forze Newton risultanti (σFR) al momento dell'innesco di terremoti maggiori di M4.3*: l'ho fatto non calcolando quindi le forze puntuali risultanti FR, ma la loro *variazione nel tempo di 24-48 ore (σFR),* trovando che è *la loro estrema stabilità o instabilità nell'arco di 24-48 ore a creare le condizioni astronomiche necessarie all'innesco sismico.*

Cioè, come avete visto nel video sopra riportato, i pianeti con la Terra formano dei determinati angoli, che un Osservatore sul nostro pianeta vede cambiare in ogni istante, a causa del moto relativo orbitale e rotatorio della Terra stessa e dei pianeti. Ci sono dei momenti in cui questi angoli *durano più, o meno, del normale* ingenerando quella forza gravitazionale in più o in meno che sviluppa la forza verticale necessaria all'innesco di una faglia in procinto di attivarsi.

Per quanto riguarda il primo aspetto, possiamo definire il range delle forze Newton risultanti (FR) al momento dell'innesco di terremoti di magnitudo M≥4.3: ho effettuato questa analisi non calcolando le forze puntuali risultanti FR, bensì valutando *la loro variazione nel corso di 24-48 ore (σFR),* scoprendo che è proprio l'estrema stabilità o instabilità di queste forze nel suddetto periodo a creare le condizioni astronomiche necessarie all'innesco sismico.

In altre parole, come evidenziato nel video precedentemente mostrato, i pianeti rispetto alla Terra occupano determinate posizioni angolari che, agli occhi di un Osservatore terrestre, cambiano continuamente (non ai nostri occhi, ma agli occhi di un robot che calcola) a causa del *movimento orbitale e rotatorio* sia della Terra che dei pianeti stessi. *Vi sono momenti in cui queste posizioni angolari persistono per periodi più lunghi o più brevi del normale, generando una variazione in più o in meno della forza gravitazionale FR per unità di tempo* rispetto alle condizioni medie (più comuni, che non innescano sismi), che può contribuire alla formazione della forza verticale necessaria all'innesco sismico in una faglia.

È stato quindi possibile associare ad ogni terremoto un valore d'innesco che è il valore di variabilità nelle 48 ore di queste forze gravitazionali planetarie σFR. Ho trovato quindi che solo **valori prossimi agli estremi** di un range che va *da 5,61E-15 (minimo) a 7,39E-09 (massimo) di σFR*, cioè di variazione della forza Newton risultante nelle 48 ore, **causano l'innesco sismico,** mentre valori al di fuori di questo range non innescano sismi. Ad esempio il terremoto M6.1 dell'Aquila del 6 aprile 2009 corrispondeva ad un valore σFR **di *4.5607E-11*** (vedi la sezione 2.9.1 dello studio).

Valori di σFR trovati in 200 terremoti o esperimenti – parametro A	
Valor minimo	Valor massimo
5,61E-15	*7,39E-09*

Questi valori riguardano uno dei due parametri di σFR, che è *la variazione nell'arco di 48 ore* (parametro A) della forza gravitazionale esercitata dai pianeti, dal Sole e dalla Luna nei confronti di un Osservatore posto nel Centro Italia. È stato analizzato anche un secondo parametro (parametro B), che riguarda la medesima *variazione, ma nelle 24 ore,* della forza gravitazionale esercitata. Anche di quel parametro è stato individuato il range minimo/massimo. Incrociando i due parametri, si determina quando sono compatibili entrambi, e così si riduce il tempo di alert. Vediamo subito un esempio.

Applicazione pratica al terremoto M6.1 dell'Aquila del 6 aprile 2009
Nel grafico qui appresso, esaminiamo il momento in cui il modello EqForecast avrebbe emesso un alert per l'Italia, in particolare per la zona dell'Aquila, se fosse stato disponibile nel 2009. Nel primo dei due grafici è raffigurata la figura stilizzata di un uomo che osserva il futuro. Quest'uomo è collocato approssimativamente tre settimane prima dell'evento sismico di magnitudo 6.1, evidenziato successivamente nel grafico a destra.
Il grafico simula il tempo in cui l'app fornirebbe un alert sismico. La linea delle ascisse è il tempo, le ordinate indicano la magnitudo dei terremoti.

I valori Newton delle forze gravitazionali risultanti dei pianeti non sono visibili nel grafico poiché sono inseriti nel foglio elettronico online descritto nell'articolo scientifico. Questo grafico (inquadrate il QR code per vedere nel dettaglio) mostra solamente con la striscia rosa quando quei valori Newton che mi aspettavo di trovare si sono effettivamente materializzati, e la cosa sorprendente è che coincidono con il momento del terremoto!

Il "calcolatore" ha ordinato in sequenza tutti i valori della forza gravitazionale esercitata dai pianeti, dal Sole e dalla Luna su un Osservatore situato nel Centro Italia nel mese di aprile 2009, disposti in ordine crescente dal valore più basso al più alto.

Successivamente, il "calcolatore" ha assegnato *il valore indice 1* ai valori estremi della lista, sia per σFR calcolato in 48 ore (parametro A), sia per σFR calcolato in 24 ore (parametro B). Ha assegnato *il valore indice 2* ai secondi valori più estremi, 3 ai terzi, e così via... Più il valore indice sale, più ci si allontana dagli estremi, ossia dai valori σFR minimi o massimi.

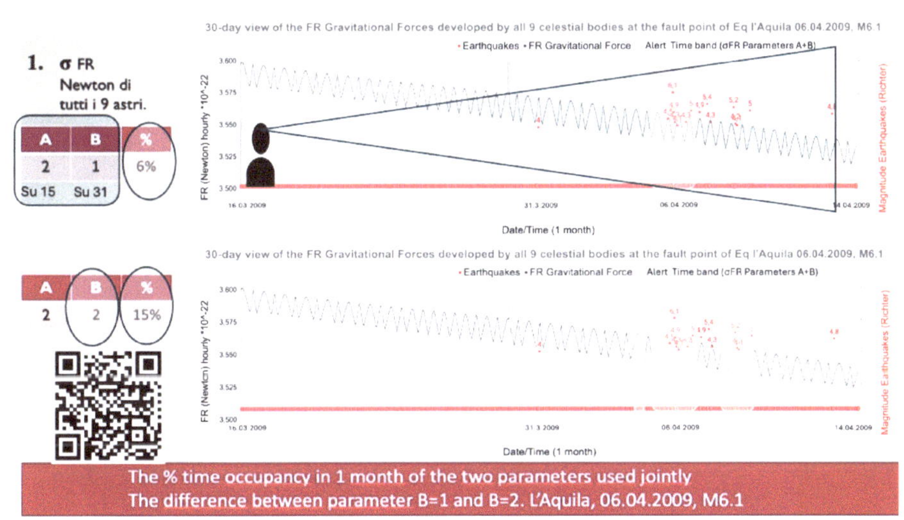

Se questo individuo avesse calcolato i parametri A e B in tal modo, avrebbe "indovinato" il momento del terremoto, emettendo un alert solo per il 6% del tempo nel corso dell'intero mese.

Quali erano i valori corretti da calcolare? Sorprendentemente, proprio i valori più piccoli e più grandi del mese di aprile 2009 della variazione di forza gravitazionale σFR: il primo valore più/meno stabile per B, e il secondo valore più/meno stabile per A!

Pertanto, se questo individuo avesse calcolato il primo valore d'ordine (cioè il valore 1) più basso o più alto della variazione di forza gravitazionale (σFR) di tutti e 9 i corpi celesti del Sistema solare esercitata sulla Terra (più precisamente: verso l'Osservatore posto nel Centro Italia) nell'arco delle 24 ore (parametro B) del mese, o il secondo valore d'ordine (cioè il valore 2) più basso o più alto nelle 48 ore (parametro A), avrebbe trovato che quei due valori erano proprio in corrispondenza del tempo di alert sismico della striscia rosa verticale: in corrispondenza di quel tempo di alert sismico c'è proprio il sisma dell'Aquila del 6 aprile 2009!

Nel secondo grafico, abbiamo simulato il tempo di alert sismico nel caso avessimo scelto un valore di B più alto, ossia il secondo valore del mese anziché il primo, mantenendo fermo il parametro A = 1. Si nota che la percentuale di tempo di alert sismico in questo modo passa dal 6% al 15%, rendendo la previsione molto meno precisa e dimostrando che *a valori intermedi della variazione delle forze gravitazionali σFR corrispondono periodi di quiete sismica.*

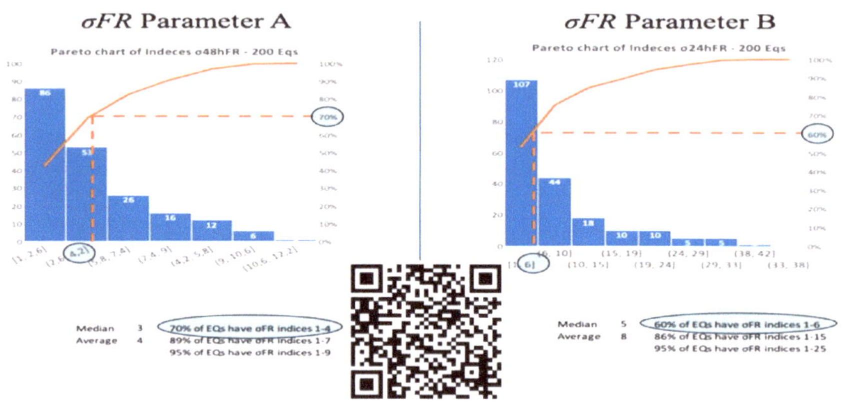

Lo stesso esperimento è stato ripetuto per tutti i duecento terremoti dello studio, con valori indice che sono risultati molto concentrati, come da ipotesi. Come mostrato nella figura qui sopra (inquadrate il QR code per vedere nel dettaglio), il 70% dei terremoti si è verificato con una variazione delle forze gravitazionali risultanti (σFR) del parametro A, di valore indice molto basso, inferiore a 4 (su un massimo possibile di 16), e per il parametro B in presenza di un valore indice inferiore a 6 (su 31). *In altre parole, l'innesco sismico del forte terremoto è avvenuto esclusivamente nel momento del mese in cui le posizioni relative di tutti i corpi celesti del Sistema solare (inclusi Luna e Sole) con le loro orbite hanno causato la minore o maggiore variazione delle forze gravitazionali, sul punto geografico in cui è avvenuto il terremoto.* Per valori intermedi, non c'è stato sisma! Questa è la spiegazione semplificata del cuore dell'articolo pubblicato, citato nella *Prefazione* di questo libro. Quindi, per il terremoto dell'Aquila del 2009, utilizzando opportunamente i due range minimi/massimi dei due parametri σFR menzionati, solo nel 6% del tempo di un intero mese vi sarebbe stato un effettivo alert sismico!

Trovate il dettaglio di questi valori nella sezione 3.2 dello studio e nella tabella 9.

Una distribuzione ordinata di valori

Perdonerete questa breve digressione, di cui si compiacciono le persone che come me studiano statistica, coloro cioè che amano vedere che specifici risultati obbediscono ad un certo ordine matematico. Ebbene, se prendiamo i valori delle *percentuali del tempo di alert sismico* che risultano dai duecento terremoti esaminati nello studio scientifico citato (come il 6% visto sopra, per quanto riguarda il sisma dell'Aquila), e li mettiamo in fila dal più piccolo al più grande, la loro distribuzione si configura come una *distribuzione polinomiale di 8° grado:*

$$Y = 6.04-411x+10477x^2-48042x^3+95878x^4-72550x^5-27113x^6+71599x^7-29759x$$

Dal grafico si vede che i valori dei duecento terremoti si distribuiscono proprio secondo una curva nota, con una precisione (regressione) del 99%. *Questa*, si può dire, *è quindi la formula* che ci consente di calcolare quanto tempo di alert mensile richiederà un 201° terremoto, perché al 99% quel valore percentuale andrà a collocarsi proprio su quella curva, e quindi **quel 201° terremoto RISULTA PREVEDIBILE per quanto riguarda la percentuale di alert di quel mese.**

*La particolare distribuzione polinomiale delle **percentuali di allerta** derivante dall'analisi di 200 terremoti M>4.3 nel periodo 1600-2023 vanta un impressionante coefficiente di regressione R^2 di 0,999, il valore più vicino a 1 dell'intero studio.*

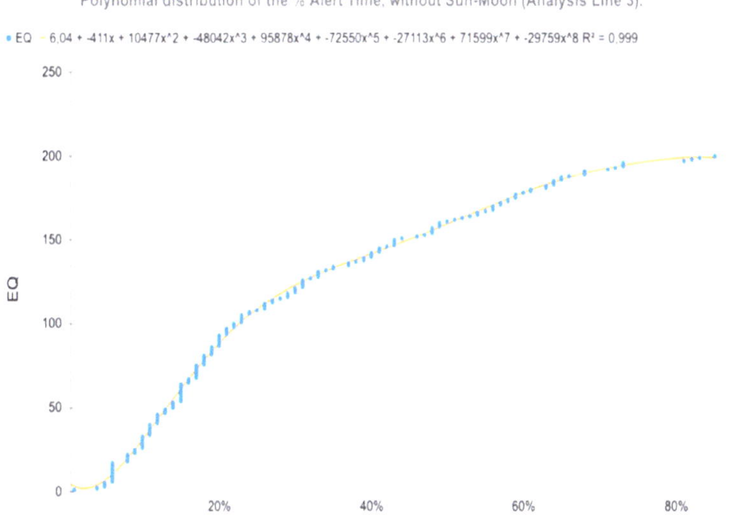

Questa polinomiale di ottavo grado costituisce proprio quella *legge di comportamento* della quale parlavo qualche paragrafo sopra: **ho trovato la legge di comportamento che mi permette di prevedere la percentuale di alert di un ennesimo terremoto futuro!**

Infine, *incredibile visu!*, direbbero i latini, contrariamente a quanto si crede, la distribuzione σFR più affidabile per gli inneschi sismici nei duecento esperimenti studiati *omette la Luna e il Sole dal calcolo* (vedi la sezione 3.2.1 dello studio). Infatti, sebbene le loro forze gravitazionali e mareali siano minori di quelle esercitate dal Sole e dalla Luna, le forze gravitazionali generate dai 7 pianeti del Sistema solare presentano una correlazione significativa con le forze di marea della Terra. In sostanza, *__l'impatto modesto delle forze gravitazionali dei 7 pianeti introduce un fattore di disturbo, per cui essi da soli hanno un effetto maggiore nell'innescare terremoti rispetto a quando sono considerati insieme al Sole e alla Luna.__* Chi l'avrebbe mai detto che avremmo escluso la Luna e il Sole dal calcolo, ottenendo una corrispondenza al 99% dei dati con una curva nota!?

Leggi di comportamento ricorrenti e parametri astronomici: alla scoperta della previsione sismica

In virtù dello stesso principio fin qui spiegato, posso analizzare altri algoritmi che indichino, ad esempio, quali angoli delle posizioni planetarie rispetto alla Terra risultino più frequentemente associati a terremoti di elevata magnitudo, oppure a quali altezze nel cielo dei pianeti si inneschino i terremoti, o ancora a quale valore di zenit della Luna. Tutti questi parametri si distribuiscono secondo il modello EqForecast in maniera ordinata, *con curve note*, simili a quella per la distribuzione dei tempi di alert che ho illustrato precedentemente. Nelle prossime edizioni del mio libro e nei successivi articoli, presenterò questo comportamento regolare di una serie di parametri celesti, che mi permettono di affermare che i terremoti si verificano con maggiore frequenza in corrispondenza di determinati parametri controllati, mentre al di fuori di tali parametri non si verificano, secondo determinate *leggi di comportamento ricorrenti.*

Capitolo 3 – Il secondo filone di indagine

Il secondo filone di indagine. C'è una correlazione tra le posizioni angolari relative dei pianeti del Sistema solare con la Terra e la magnitudo dei terremoti

Quando si vedono molti pianeti allineati con la Terra, come accadde il giorno del terremoto di Amatrice del 24 agosto 2016 o come abbiamo visto nel video citato nel primo capitolo (vedi foto: *Il cielo del terremoto dell'Aquila, 6 aprile 2009*), dobbiamo sicuramente preoccuparci di più rispetto a quando i pianeti appaiono in cielo con una posizione angolare molto più disordinata.

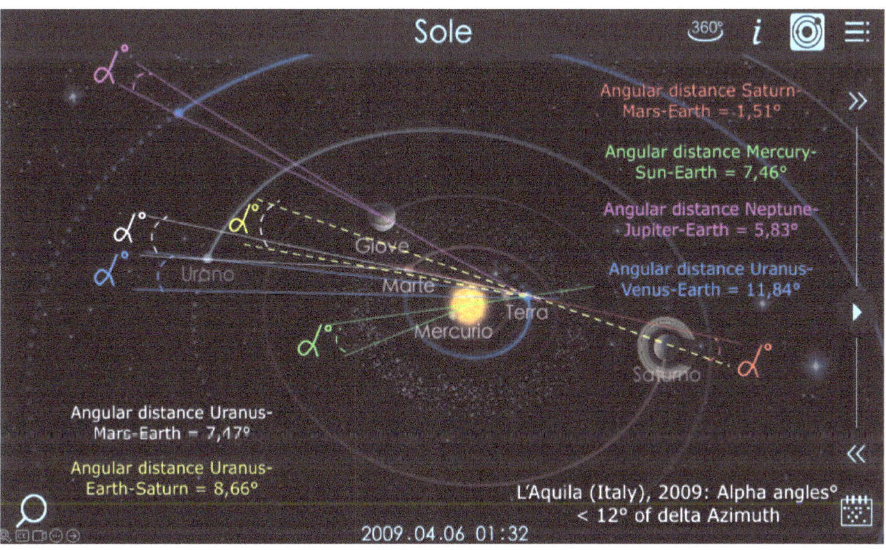

Per il secondo filone di indagine di questo studio su duecento terremoti, infatti, maggiore è il numero di allineamenti delle coppie dei 7 pianeti, del Sole e della Luna con la Terra (esempio di coppia: Luna-Marte-Terra) che hanno un angolo <12° al momento dell'innesco, maggiore sarà la magnitudo del terremoto.

Analisi dei terremoti dal 1600 al 2022

L'analisi di duecento terremoti italiani avvenuti dal 1600 al 2022 ha rivelato una correlazione tra le posizioni planetarie e la magnitudo dei terremoti, coerente con la situazione astronomica sia di Amatrice (2016) che dell'Aquila. Questa correlazione è stata osservata sia nel campione complessivo di duecento terremoti che nei sessantatré terremoti avvenuti dopo il 1988.

Correlazione statistica

L'ipotesi è confermata: esiste una correlazione statistica tra le posizioni dei pianeti, della Luna e del Sole e la magnitudo dei terremoti. In particolare, si nota una correlazione ricorrente tra le misure angolari delle congiunzioni e delle opposizioni <12° delle trentasei combinazioni a coppie dei 7 pianeti del Sistema solare, della Luna e del Sole, e gli intervalli di magnitudo Richter di terremoti italiani ≥M4.3. Nei grafici a destra il calcolo non comprende la presenza della Luna (*wo Moon = without Moon*).

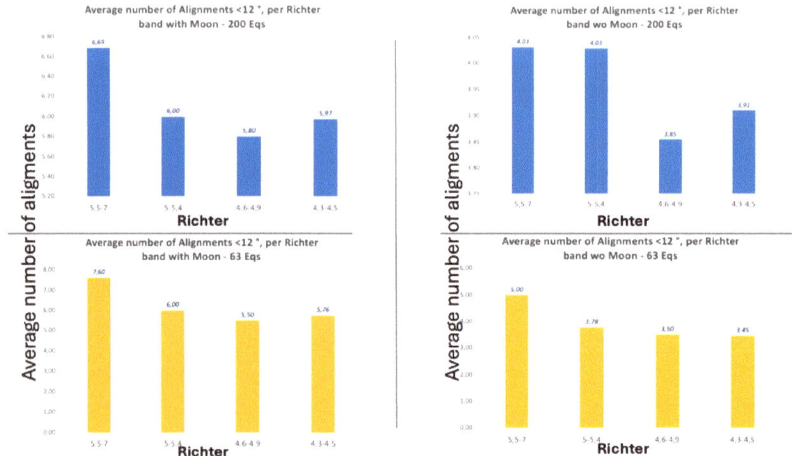

Un maggior numero di allineamenti planetari è correlato con magnitudo più elevate dei terremoti.

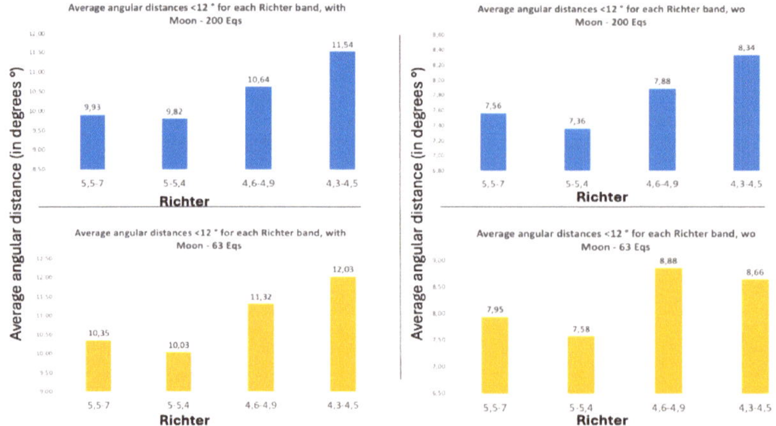

Esiste una correlazione inversa tra la magnitudo dei terremoti e la distanza angolare media dei pianeti dalla Terra.

Effetto della Luna

La posizione angolare della Luna non altera sostanzialmente la correlazione tra le posizioni planetarie e la magnitudo dei terremoti. Sebbene ci siano lievi differenze quando si considerano gli allineamenti di 36 coppie di pianeti con il Sole e la Luna rispetto a quando si esclude la Luna, le tendenze rimangono coerenti. Un aumento della magnitudo dei terremoti corrisponde sia ad un aumento del numero di coppie di pianeti a distanza angolare <12° sia ad una diminuzione della distanza angolare dalla Terra, *in linea con la legge della gravitazione universale di Newton.*

Distribuzione normale delle distanze angolari

Le distribuzioni dei valori medi di distanza angolare dei corpi del Sistema solare rispetto all'Osservatore sulla Terra al momento dell'innesco dei terremoti, sia per il campione di duecento terremoti a partire dal 1600 sia per i sessantatré terremoti avvenuti dopo il 1988, sono normali. Questa normalità è stata convalidata con un *intervallo di confidenza* del 95% utilizzando i test di Shapiro-Wilks e il valore p (>0,05). Pertanto, la distribuzione dei dati non è casuale, suggerendo *una correlazione strutturale tra le posizioni planetarie e la magnitudo dei terremoti* (vedi la sezione 3.1.2 dell'articolo).

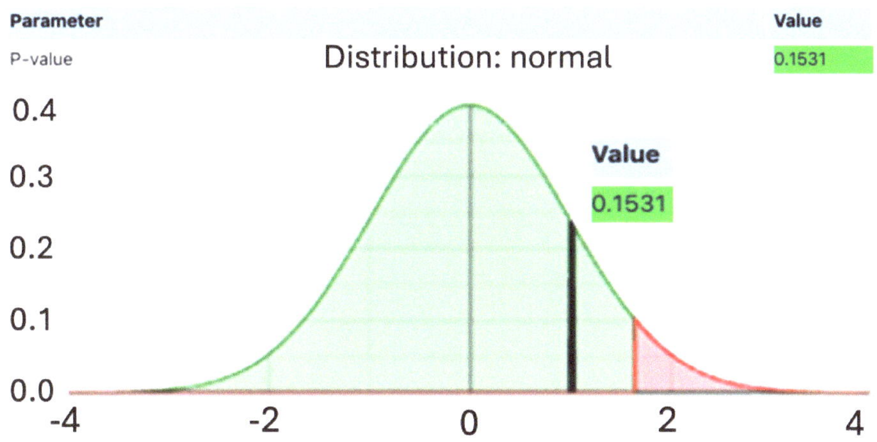

P-value
The p-value equals **0.1531**, (P(x<1.0231) = 0.8469) it means that the chance of type I error, rejecting a correct H0, Is too high: 0.1531 (15.31%). The larger the p-value the more it supports M0.

Capitolo 4 – Il metodo

Metodo

Sul metodo non vorrò essere troppo meticoloso, conscio che l'aspetto divulgativo del libro non lo consente.

I miei lettori più interessati troveranno nell'articolo scientifico citato in *Prefazione* l'apposito capitolo dedicato, molto approfondito, come richiede quel tipo di pubblicazione. Qui basteranno alcuni cenni, in un linguaggio comprensibile, utili a comprenderne i tratti essenziali, cercando di mantenere una trattazione rigorosa.

La scelta del campione sperimentale

In questo studio, ho esaminato duecento terremoti con magnitudo superiore a M4.3 dal database ASMI-INGV, selezionandone 55 in base alle mie preferenze (i terremoti "più famosi") e 145 casualmente tra i 1590 terremoti di questa entità avvenuti in Italia dal 1600 al 2022. L'obiettivo principale era analizzare l'influenza delle maree terrestri e delle forze gravitazionali dei pianeti sul verificarsi dei terremoti. Questo approccio ha garantito un'ampia rappresentatività e affidabilità del campione.

L'influenza delle maree e delle forze gravitazionali

La ricerca parte dall'ipotesi che le forze gravitazionali, incluse le maree lunari e solari, possano attivare la sismicità. Tuttavia, a causa della mancanza di strumenti a terra per misurare le variazioni gravitazionali, questo studio impiega *strumenti indiretti che coinvolgono la fisica vettoriale e gli angoli formati dalle coppie di pianeti con la Terra* (vedi la sezione 2.8 dell'articolo). Per la fisica vettoriale applicata alle forze gravitazionali di Newton mi sono ispirato all'approccio scientifico del ricercatore indiano Chockalingam Jeganathan[7]. Per ognuno dei 9 corpi celesti, vale a dire Sole, Luna, Mercurio, Venere, Marte, Giove, Saturno, Urano, Nettuno, viene calcolato il *vettore risultante della forza gravitazionale esercitata durante l'interazione astro/Terra in ogni istante sul nostro pianeta.* La somma totale N delle FR che agiscono sulla Terra nel punto di osservazione O viene espressa in Newton.

---

[7] C. Jeganathan, G. Gnanasekaran, T. Sengupta, "Analysing the Spatio-Temporal Link between Earthquake Occurrences and Orbital Perturbations Induced by Planetary Configuration," *International Journal of Advancements in Remote Sensing, GIS and Geography*, vol. 3, no. 2, pp. 123-146, 2015.

Ne ho parlato approfonditamente nel video a vostra disposizione, citato alla fine del capitolo 1.

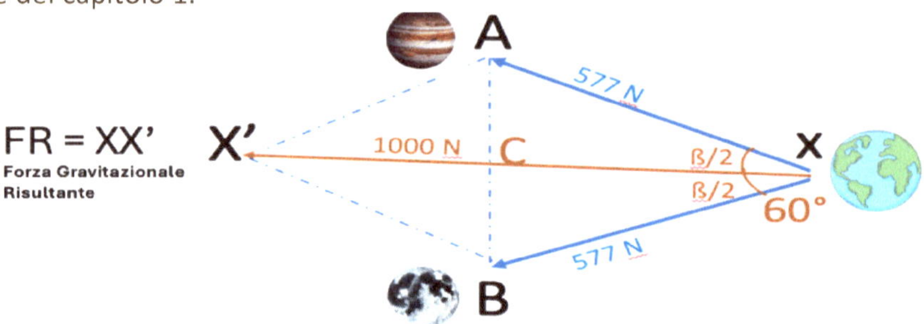

Coordinate altazimutali: una misura dinamica per una maggiore precisione
Per catturare le rapide variazioni angolari dei pianeti, lo studio ha utilizzato il *sistema di coordinate altazimutali* che, legato alla posizione dell'Osservatore, cambia con la rotazione terrestre. Ho fatto questa scelta delle coordinate altazimutali (vedi la sezione 2.1) perché offrono un approccio dinamico e sensibile ai cambiamenti angolari. *Diversamente dalle coordinate equatoriali o eclittiche, le coordinate altazimutali si adattano alla rotazione terrestre* e permettono di monitorare in tempo reale le posizioni relative dei pianeti dal punto di vista di un Osservatore terrestre. Questo è cruciale per *identificare con precisione le congiunzioni e le opposizioni planetarie*, che secondo l'ipotesi verificata potrebbero influenzare l'attività sismica.

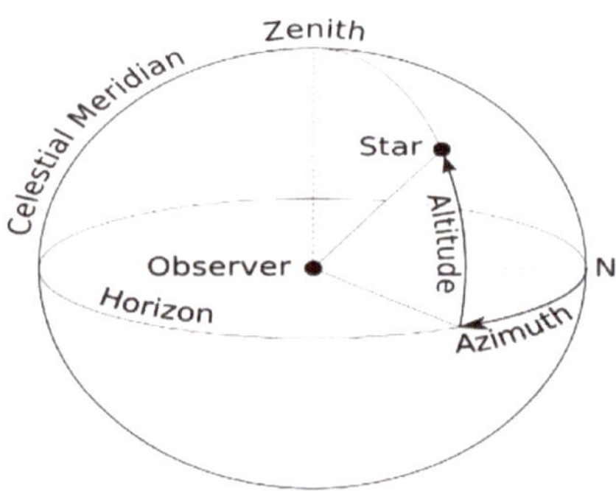

Le coordinate altazimutali migliorano la correlazione temporale tra le variazioni planetarie e i terremoti, consentendo di rilevare le forze gravitazionali che potrebbero attivare eventi sismici. In sintesi, questo sistema offre una maggiore precisione e adattabilità, il che lo rende ideale per studiare le possibili influenze gravitazionali planetarie sui terremoti.

È stato utilizzato il software delle effemeridi VSOP87 - Celestial Sphere, scientificamente accettato, per determinare minuto per minuto la posizione dei pianeti rispetto alla Terra.

Le effemeridi sono tabelle (calcolate partendo dalle *tre leggi dei moti planetari di Johannes Kepler,* astronomo e matematico tedesco, 1571-1630) che forniscono le posizioni celesti di corpi astronomici (come pianeti e stelle) in tempi specifici, essenziali per l'astronomia e la navigazione. Utilizzando le effemeridi con le coordinate altazimutali, si può determinare l'altitudine (altezza sopra l'orizzonte) e l'azimut (direzione rispetto al Nord) di un oggetto celeste. Per farlo, si convertono le posizioni celesti (come l'ascensione retta e la declinazione) date dalle effemeridi in coordinate altazimutali, considerando la posizione dell'Osservatore (latitudine e longitudine) e l'ora di osservazione. Questo facilita l'individuazione diretta degli oggetti nel cielo notturno.

Misurazione della distanza angolare

Per determinare con precisione la posizione angolare di una coppia di pianeti rispetto alla Terra, è necessario tenere conto del *delta di elevazione e del delta di azimut*. Rappresentando un sistema di tre corpi celesti (O=Terra, B=pianeta 1 e D=pianeta 2) su un piano cartesiano, si stabilisce un sistema di riferimento angolare. Il valore angolare BD (vedi figura) funge da *"distanza angolare"* e "riassume" il delta tra gli azimut e le elevazioni dei due pianeti B e D rispetto all'Osservatore terrestre. Questa misura "riassuntiva" aiuta molto nei calcoli perché, con un unico valore da inserire all'interno di essi, il software tiene conto della variazione sia dell'azimut che dell'altezza di ogni pianeta sulla linea dell'orizzonte dell'Osservatore.

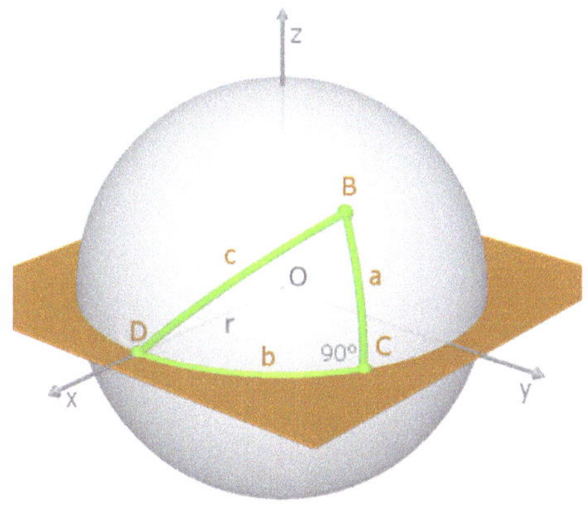

Piani sferici e cartesiani

Nelle misurazioni effettuate in tutti i duecento esperimenti ho utilizzato misure lineari su piani cartesiani. Molti di voi potrebbero dirmi: ma le posizioni dei corpi celesti si misurano con coordinate sferiche, non sul piano cartesiano! È vero, però è possibile farlo ugualmente. Ora spiego perché questo approccio "cartesiano" ha permesso di calcolare le distanze angolari in modo accurato, semplificando il problema grazie al teorema di Pitagora adattato ai piani sferici.

Passare dal piano sferico al piano cartesiano è conveniente perché, con l'aumentare delle distanze tra i punti (e nello spazio interplanetario le distanze sono molto grandi!), l'approssimazione del teorema di Pitagora nel piano cartesiano diventa molto precisa (per gli esperti: lo si fa con il polinomio di Taylor, vedi la sezione 2.1 dell'articolo). Questo semplifica notevolmente i calcoli delle distanze angolari tra i pianeti e la Terra, rendendoli più pratici ed efficaci. *Tale approccio cartesiano permette di utilizzare una formula più semplice* che, grazie alle grandi distanze implicate, *fornisce risultati comunque molto accurati,* facilitando le verifiche sperimentali e le conclusioni sulle ipotesi formulate.

Ipotesi 1: correlazione tra posizioni planetarie e terremoti

La prima ipotesi delinea che le magnitudo dei terremoti maggiori di M4.3 sono legate alle congiunzioni e opposizioni dei pianeti del Sistema solare, della Luna e del Sole rispetto alla Terra. L'analisi ha monitorato le posizioni dei pianeti entro 48 ore dal momento dell'innesco sismico di duecento terremoti in duecento esperimenti distinti, trovando una correlazione statistica significativa tra la frequenza di queste posizioni particolari e la magnitudo dei terremoti (vedi, sopra, Capitolo 3).

Metodo per sviluppare l'ipotesi 1

L'evidenza empirica ha mostrato che le distanze angolari (vedi, sopra, il paragrafo "Misurazione della distanza angolare") tra coppie di pianeti, entro una tolleranza di 0°-/+12°, modulano significativamente le variazioni della magnitudo dei terremoti. L'analisi ha utilizzato software dedicati per derivare i valori delle distanze angolari dai dati astronomici.

Ipotesi 2: forze gravitazionali e attività sismica

La seconda ipotesi suggerisce che il fattore principale di innesco sismico non sia l'assoluta magnitudo delle forze gravitazionali risultanti (FR), ma le fluttuazioni di queste forze (σFR) entro 24-48 ore intorno al tempo di un terremoto. Ho utilizzato la fisica dei vettori (vedi, sopra, il paragrafo "L'influenza delle maree e delle forze gravitazionali") per misurare le forze gravitazionali risultanti generate dai 7 pianeti sulla Terra, osservando che queste fluttuazioni mostrano un legame più forte con i terremoti rispetto all'influenza del solo sistema lunisolare (vedi la sezione 3.2.1 dell'articolo).

Metodo per sviluppare l'ipotesi 2

Il metodo ha implicato la creazione di vettori per tutte le forze gravitazionali generate dai pianeti sulla Terra e la loro misurazione. Utilizzando un software di calcolo delle effemeridi, i dati astronomici sono stati processati per fornire i valori necessari, permettendo di calcolare la forza gravitazionale risultante in Newton (N) e di osservarne le variazioni nel tempo.

Indici di correlazione tra forze gravitazionali e terremoti

Sono stati utilizzati tre indici per trovare correlazioni tra le forze gravitazionali e l'innesco sismico:

1. Variazione dei valori di FR (σFR) in blocchi consecutivi di 24 ore vicini al terremoto, per un totale di 48 ore (cosiddetto "parametro A" di cui ho parlato nel caso dell'Aquila nel capitolo 2).
2. Variazioni dei valori di FR (σFR) in intervalli di un'ora per 24 ore vicine al terremoto (cosiddetto "parametro B").
3. Percentuale del tempo di alert influenzato dai valori di FR.

Analisi sperimentale

Lo studio ha condotto un totale di 600 misurazioni delle forze gravitazionali attorno ai terremoti, suddivise in tre linee di analisi:

1. Forze gravitazionali esercitate individualmente dai pianeti del Sistema solare, dal Sole e dalla Luna.
2. Forza gravitazionale del solo Sistema lunisolare.
3. Forze gravitazionali esercitate individualmente dai pianeti del Sistema solare, escludendo il Sole e la Luna.

Capitolo 5 – Elementi di discussione e conclusioni

Certamente un po' tutto quello che ho scritto e comprovato con i duecento esperimenti è argomento che si presta a discussioni in seno alla comunità scientifica. Nella sezione 4 dell'articolo ho provato, dunque, a spiegare e definire alcuni ambiti di discussione, in modo tale da poter rafforzare le tesi del modello.

Alcune conclusioni sono infatti ricavabili dall'insieme di questo lavoro: in questo capitolo, brevemente cercherò di fornire elementi utili al lettore per documentarsi in merito, utilizzando uno stile descrittivo e semplificato alla portata di tutti.

Discussione

In questo capitolo, si esplorano due ipotesi dello studio: se le influenze gravitazionali dei 7 pianeti, della Luna e del Sole possano influenzare la magnitudo dei terremoti (ipotesi 1), e se esse possano provocare i terremoti stessi (ipotesi 2). Inoltre, si analizzano le forze di marea esercitate dai corpi celesti sulla Terra e si confrontano con studi precedenti che non avevano trovato una relazione tra maree e terremoti.

Confronto con studi precedenti

Studi precedenti condotti principalmente in Cina, India e Italia si sono concentrati su come le congiunzioni o opposizioni dei corpi celesti coincidano con l'innesco dei terremoti, senza però fornire un'analisi statistica dettagliata (vedi la sezione 1.3 dell'articolo). Questo studio, invece, ha trovato un'affidabile correlazione statistica tra le posizioni planetarie e i terremoti, avvalorando in modo più preciso le conclusioni di quelle ricerche.

Forze gravitazionali e di marea nel Sistema solare

Le maree sulla Terra sono causate dalla differenza di attrazione gravitazionale tra vari punti sulla Terra, principalmente a causa della Luna e del Sole. Anche se il Sole ha un'attrazione gravitazionale molto più forte della Luna nei confronti della Terra (166 volte maggiore!), la forza di marea della Luna è più significativa (2,5 volte maggiore!). Una tabella (vedi la sezione 4.3 dell'articolo) mostra come le forze di marea dei 7 pianeti si confrontano con quelle della Luna sulla Terra.

	Mass (10^24kg)	Perigee 10^9 (billions of m.)[*]	Max gravitational acceleration per mass unit	Max gravitational acceleration (% of Moon)	Max Tidal Force per mass unit	Max Tidal Force (% of Moon)
SUN	1.989.000,000	147,00	6,14E-03	16614,6235%	5,33E-07	41,03%
MERCURY	0,330	82,50	3,23E-09	0,0088%	5,00E-13	0,00003851%
VENUS	4,870	39,79	2,05E-07	0,5552%	6,58E-11	0,00506529%
MOON	0,073	0,36	3,70E-05	100%	1,30E-06	100%
MARS	0,642	55,65	1,38E-08	0,0374%	3,17E-12	0,00024408%
JUPITER	1.898,000	591,97	3,61E-07	0,9777%	7,78E-12	0,00059951%
SATURN	568,000	1.204,28	2,61E-08	0,0707%	2,77E-13	0,00002131%
URANUS	86,800	2.586,88	8,65E-10	0,0023%	4,27E-15	0,00000033%
NEPTUNE	102,000	4.311,02	3,66E-10	0,0010%	1,08E-15	0,00000008%

Table title: Comparison table of the gravitational and tidal force exerted on Earth by Solar System celestial bodies at the perigee

[*] Credit : J.E. Arlot, IMCCE/observatoire de Paris

È interessante notare che l'attrazione gravitazionale FR del Sole sulla Terra supera quella della Luna di oltre 166 volte al perigeo e al perielio, mentre la forza di marea del Sole è solo il 41% di quella della Luna!

La forza gravitazionale come componente della forza di marea verticale

I risultati sperimentali suggeriscono che le forze gravitazionali (σFR) del Sole, della Luna e dei pianeti possono contribuire *alla forza di marea verticale* (vedi, sopra, l'*Introduzione*), che potrebbe influenzare l'attività sismica. Sebbene non sia stabilito un meccanismo di causa-effetto diretto, le posizioni dei corpi celesti e le loro influenze gravitazionali sembrano giocare un ruolo nel *triggering* dei terremoti.

L'affidabilità dei cataloghi ASMI-INGV

Per lo studio che stiamo conducendo, è fondamentale garantire *la qualità del catalogo dei terremoti*. Si analizzano 63 terremoti con magnitudo ≥4.3, tutti verificatisi dopo il 1988, utilizzando i dati della Rete Sismica Nazionale (RSN) italiana, gestita dall'INGV. I risultati di questi terremoti recenti sono stati coerenti con quelli del campione più grande composto da duecento terremoti, presi dal catalogo ASMI, supportando la validità delle ipotesi. L'*Archivio Storico Macrosismico Italiano (ASMI)* offre accesso a informazioni su oltre 6500 terremoti italiani dal 461 a.C. al 2020, estratti da più di 430 indagini sismologiche.

Per ogni terremoto sono accessibili diversi studi basati sul catalogo ASMI; e i risultati, relativi alle date e ai tempi di ciascun terremoto, sono i più plausibili tra le molteplici ipotesi presentate negli studi di riferimento.

Conclusioni

Questo innovativo metodo di previsione sismica basato sulle posizioni planetarie ha mostrato promettenti correlazioni tra le forze gravitazionali risultanti e l'attività sismica. Le due ipotesi, avvalorate da evidenze empiriche e analisi computazionali, aprono nuove prospettive nella comprensione e previsione dei terremoti, rendendo questo campo di studio accessibile anche a ricercatori indipendenti grazie ai moderni strumenti tecnologici.

Questo studio estende la metodologia della ricerca internazionale precedente (vedi la sezione 1.3 dell'articolo) sulla previsione dei terremoti, che si è concentrata sulle posizioni e le masse planetarie per chiarire la causa dei terremoti. Tuttavia, queste ricerche precedenti non hanno calcolato le forze gravitazionali presenti durante gli eventi sismici per stabilire correlazioni dirette e collegate ad elementi quantitativi. Al contrario, questo studio si è prefisso l'obiettivo di *calcolare quantitativamente* il *range delle forze Newton risultanti* al momento dell'innesco: in altre parole, *fuori da un certo range di valori Newton esercitati dai corpi celesti, l'innesco sismico risulta improbabile.* Tramite le leggi di Johannes Kepler del moto dei corpi celesti è possibile quindi in ogni istante calcolare *la distanza, la massa e la forza Newton* generata nei confronti di un Osservatore posto sulla Terra (Osservatore posto sulla Terra = punto d'innesco del terremoto) dai pianeti del Sistema solare, dal Sole e dalla Luna. Noti questi elementi, si può calcolare la forza gravitazionale esercitata su ogni terremoto avvenuto sulla Terra dal 1600 ad oggi, da quando cioè vige il calendario gregoriano, e quindi dedurne statisticamente, *come pre-visione* per il futuro, i tempi e le magnitudo di innesco.

In linea con gli obiettivi del nostro studio, abbiamo anche dimostrato che a comportamenti specifici dei pianeti all'interno del Sistema solare, osservati dall'epicentro del terremoto, corrispondono magnitudo distinte. Questi risultati si riferiscono a durate di osservazione astronomica più brevi, di solito dell'ordine di ore invece che di settimane o mesi. Per catturare questi rapidi cambiamenti angolari, anziché utilizzare uno degli altri due sistemi (coordinate equatoriali o eclittiche) generalmente applicati negli altri studi, abbiamo impiegato le coordinate altazimutali: un sistema di riferimento legato alla posizione dell'Osservatore che si sposta con la rotazione della Terra e il moto dei pianeti.

L'evidenza e il dubbio

L'evidenza e il dubbio non vanno d'accordo: da lì iniziò la mia *"incredibile avventura"* di ricerca delle ragioni profonde gravitazionali dell'innesco sismico. Come ricorderete, all'inizio del libro ho parlato dei *terremoti "storici"* di Amatrice del 2016 e dell'Aquila del 2009. Ho spiegato anche nel video di cui avete il QR code a pagina 16 il fatto che, dal confronto del cielo in quei due momenti dell'innesco, non avevo capito subito quali fossero le posizioni dei pianeti *comuni ai due terremoti.*

Infatti nel terremoto di Amatrice (osservate la prima figura) si vedono due linee molto precise ed un angolo fra le medesime – quasi perfetto – di 90°: una misura per cui chiaramente non poteva essere *casuale* il terremoto avvenuto in concomitanza di un simile posizionamento angolare dei pianeti.

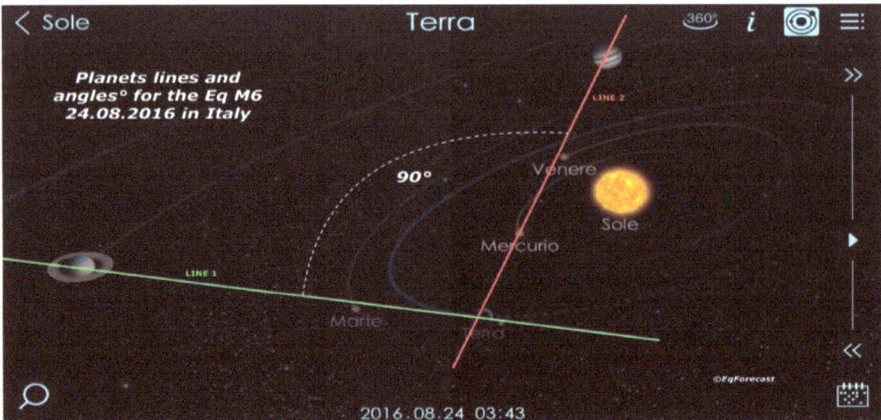

Nella seconda figura, invece, vedete il cielo in corrispondenza del terremoto dell'Aquila: non era così evidente, ma soltanto dopo un calcolo matematico si scopriva che gli angoli dei pianeti a coppie erano tutti abbastanza stretti e inferiori a 12°, nei confronti di un Osservatore posto sulla Terra presso la zona epicentrale del terremoto.

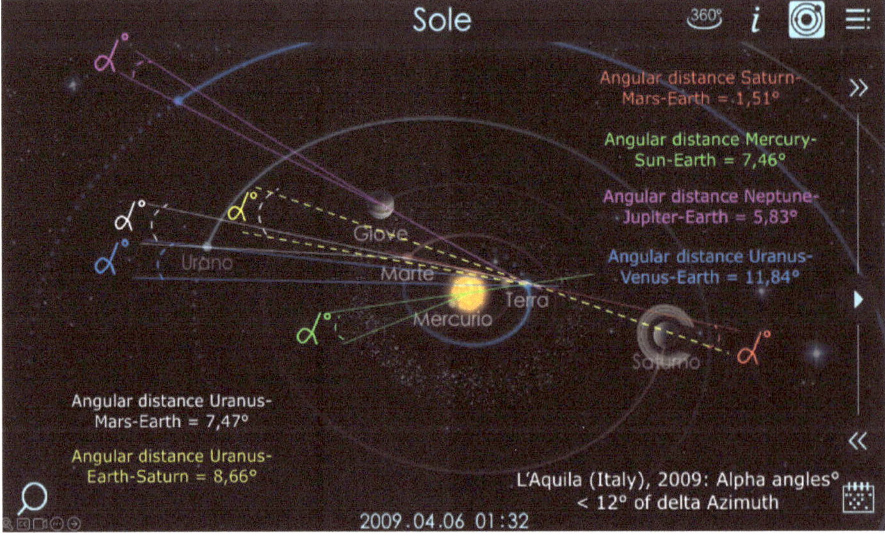

La principale conclusione di questo studio è che il *triggering* sismico per i terremoti con magnitudo ≥4.3 è determinato non dalla forza gravitazionale risultante (FR) assoluta dei corpi celesti, misurata *al tempo* del terremoto, ma da valori molto stabili o instabili della deviazione standard della medesima forza (σFR) entro una finestra di 24-48 ore *intorno* al terremoto. Questo approccio innovativo calcola il valore di σFR invece del valore assoluto di FR, segnando una significativa deviazione dalla letteratura esistente.

La magnitudo dei terremoti sembra correlata invece alle congiunzioni o opposizioni planetarie, con la Luna che potrebbe avere un ruolo meno significativo del previsto.

Misurazione indiretta dei dati

Lo studio utilizza metodi computazionali basati su effemeridi, coordinate di azimut-elevazione e fisica vettoriale per calcolare la forza gravitazionale esercitata dai pianeti, dal Sole e dalla Luna in ogni istante e luogo dei terremoti, invece di misurazioni dirette effettuate tramite gravimetri.

Influenza dei pianeti

Contrariamente alle credenze comuni, le forze gravitazionali dei 7 pianeti del Sistema solare mostrano una correlazione più significativa con l'innesco sismico quando si escludono la Luna e il Sole dal calcolo!

Dalle evidenze sperimentali risulta che le forze gravitazionali dei 7 pianeti del Sistema solare, pur essendo modeste rispetto a quelle del Sole e della Luna, introducono un *fattore di disturbo che rende la correlazione tra la loro influenza gravitazionale e l'innesco sismico più significativa.*

La componente di marea verticale

I valori delle forze gravitazionali del Sole, della Luna e dei 7 pianeti su cui abbiamo lavorato in questo studio creano una componente di marea sia orizzontale che verticale. Secondo lo studio di Vespe, Zaccagnino e Doglioni (vedi, sopra, l'*Introduzione*), la componente mareale verticale gioca un ruolo significativo nell'innesco dei terremoti. Questa forza mareale agisce sull'astenosfera, che è uno strato più debole e deformabile situato sotto la crosta terrestre. *L'astenosfera permette il movimento delle placche tettoniche e può essere influenzata dalle variazioni delle forze mareali, contribuendo così all'innesco dei terremoti.*La forza mareale verticale è quindi un fattore chiave nella comprensione dei meccanismi che portano ai terremoti.

Applicazione dei risultati per la previsione dei terremoti

I risultati preliminari suggeriscono l'uso di un modello di distribuzione esponenziale per ridurre l'incertezza nelle previsioni temporali dei terremoti. Utilizzando i risultati di questo studio, *si potrebbe ridurre del 35% il tempo di alert per i terremoti M≥4.3 nel 95% dei casi,* indicando che il 95% dei terremoti si verifica entro il 65% del tempo di alert potenziale di un mese, con una mediana del 17%.

Questo è solo un primo studio (cui ne seguiranno altri) per dimostrare come attualmente sia possibile, tramite l'app EqForecast, *allertare correttamente per terremoti >M5.0 per meno del 3% del tempo* un utente abbonato al servizio SAP di Allerta Pre-sismica per l'Italia.

Frequenza dei fenomeni astronomici

Un altro ostacolo alla comprensione dell'articolato discorso delle correlazioni tra posizioni dei pianeti e innesco sismico sulla Terra deriva dal fatto che gli allineamenti sono fenomeni rari, ma non lo sono affatto gli angoli ≤12° delle coppie di pianeti rispetto alla Terra.

Nella tabella qui riportata, il periodo siderale misura la rivoluzione completa di un pianeta attorno al Sole rispetto alle stelle, mentre il periodo sinodico misura il tempo tra due allineamenti successivi dello stesso pianeta con la Terra e il Sole.

	Periodo siderale	**Periodo sinodico**	
Mercurio	0,241 anni	0,317 anni	115,9 giorni
Venere	0,615 anni	1,599 anni	583,9 giorni
Terra	**1 anno**	—	—
Luna	0,0748 anni	0,0809 anni	29,5306 giorni
Marte	1,881 anni	2,135 anni	780,0 giorni
Cerere	4,600 anni	1,278 anni	466,7 giorni
Giove	11,87 anni	1,092 anni	398,9 giorni
Saturno	29,45 anni	1,035 anni	378,1 giorni
Urano	84,07 anni	1,012 anni	369,7 giorni
Nettuno	164,9 anni	1,006 anni	367,5 giorni

La media dei periodi sinodici riportati nella tabella, che è di circa 387,8 giorni, non deve ingannare. Considerando tutte le 36 combinazioni possibili in cui si forma una linea di *tre corpi celesti*, di cui uno è la Terra, si verifica in media almeno un allineamento ≤12° di distanza angolare ogni 1,5-3 giorni tra i 7 pianeti, il Sole e la Luna rispetto alla Terra.

Ciò implica che il periodo di 422 anni è caratterizzato da una *notevole frequenza di allineamenti* dovuti alle opposizioni e alle congiunzioni con la

Terra, coerente con la frequenza di forti terremoti ovunque sulla Terra: una frequenza poco utile per la previsione sismica. Con questo primo capitolo del modello EqForecast abbiamo voluto capire anzitutto se esiste una regola più stringente della semplice frequenza di allineamenti: quest'ultima può sembrare coerente inizialmente per comprendere l'innesco sismico, ma alla lunga si rivela un criterio fuorviante.

Importanza di un approccio multidisciplinare

Sebbene il modello attuale mostri una correlazione non casuale tra le posizioni planetarie e i terremoti, esso manca della precisione necessaria per effettuare previsioni accurate in termini di tempo e spazio. Combinare questo modello con *un approccio multidisciplinare e strumenti di misurazione a terra potrebbe migliorare le previsioni*. Rilevare precursori sismici come piccoli terremoti, fenomeni magnetici, emissioni di neutroni, onde radio, presenza di gas radon e persino i SAAB (Seismic Anomalous Animal Behaviours, comportamenti sismici anomali degli animali) potrebbe aiutare a identificare *a priori* l'epicentro.

Applicazione dei risultati per la previsione dei terremoti

La frequenza quasi giornaliera degli allineamenti rende difficile stabilire una forte correlazione con le magnitudo dei terremoti, richiedendo una verifica statistica più complessa di così, da attuarsi in studi futuri. Previsioni basate solo sul modello astronomico presentato fin qui porterebbero a *numerosi falsi allarmi,* rendendole impraticabili per una previsione efficace dei terremoti.

Utilizzando i risultati di questo studio, *si potrebbe ridurre del 35% il tempo di alert per terremoti M≥4.3 nel 95% dei casi,* in quanto il 95% dei terremoti si verifica entro il 65% del tempo di alert potenziale di un mese, con una mediana del 17%: una percentuale di tempo di alert peraltro ancora troppo alta, che rappresenta un ostacolo significativo per una "buona previsione sismica".

Ma non vi preoccupate: questo è solo un primo studio. *The best is yet to come!*

Un caro saluto a tutti voi.

Stefano Calandra

Servizio di Allerta Pre-Sismica SAP per l'Italia
App EqForecast

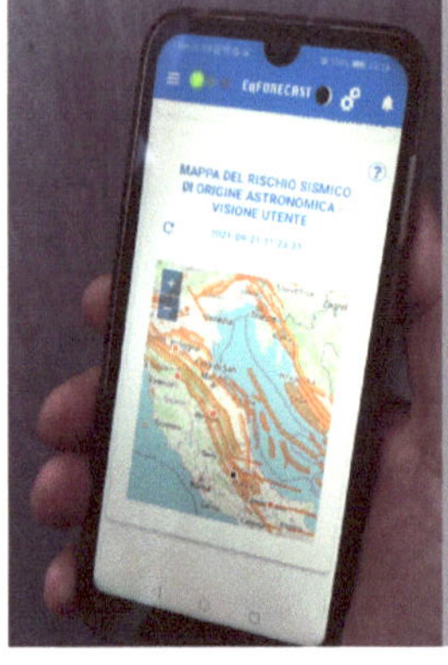

*"Non si muove faglia,
che pianeta non voglia".*

Contatti

©EqForecast Earthquakes Forecast - The Gravitational Theory

Email: info@earthquakesforecast.com
Web: www.earthquakesforecast.com
Telegram & X: https://t.me/eqforecast; x.com/eqforecast
FB: https://www.facebook.com/groups/EarthquakesForecast/
EqForecast su **ORCID**: https://orcid.org/0000-0001-5324-2298

Ringraziamenti

L'edizione di questo libro è stata possibile grazie all'apporto appassionato di numerosi amici e volontari. Dai social in rete fino all'amico sotto casa, il modello gravitazionale e il mio lavoro hanno attratto molte competenze e condivisioni di conoscenza, senza le quali né la ricerca di base né la successiva realizzazione dell'app EqForecast sarebbero state possibili in questi anni.

*Oltre a **mia moglie**, che è stata uno sbalorditivo banco di prova per superare soprattutto le diffidenze iniziali ("Amore, anche questo terremoto avevo previsto!" – "Sì sì, ma guarda che è ora di cena e le bambine hanno fame"), ringrazio per la costante assistenza il giovane fisico **Daniele Teti**, che mi supporta e sopporta con pazienza nella parte informatica del progetto.*

*Dal punto di vista istituzionale, non posso dimenticare il sostegno a questa ricerca, fornito con numerosi suggerimenti, in particolare da: **Carlo Doglioni** (presidente dell'INGV, Italia), **Paolo Gasperini** (Dipartimento di Fisica, Settore Geofisica, Alma Mater Studiorum – Università di Bologna), **Luigi Cavaleri** (ISMAR-CNR, Venezia), **Francesco Celani** (INFN, Frascati), **Daniele Cataldi** (del gruppo LTPA Observer Project), nonché lo statistico **Vito Ricci** per l'assistenza statistica.*

*Dopo anni di collaborazione a livello di ricerca, non possono mancare un saluto ed un ringraziamento anche al geologo **Giulio Riga** (ricercatore indipendente, Lamezia Terme) e a **Samuele Venturini** (biologo, scrittore, ricercatore, Milano; membro di GeoCosmo Research Centre, UK).*

*Ringrazio poi, per il meticoloso controllo del testo, l'amico **Roberto Pigro** (MD, PhD Università degli Studi di Udine, docente presso la Cyprus University of Technology nella Repubblica di Cipro) e per il supporto psico-attitudinale l'amica **Stefania Di Marco** (Teramo). Per le traduzioni in inglese e la revisione del testo, l'amica **Maresa Zanetti Novello** (Venezia). Sono riconoscente anche al matematico **Claudio Pace** (Assisi Nel Vento, Terni) per il supporto ai miei interventi pubblici.*

*Una menzione particolare la riservo allo scienziato e amico, il compianto **Giampaolo Giuliani** (Fondazione Giampaolo Giuliani, L'Aquila), che con i suoi studi sul gas radon, la sua testimonianza di vita per la scienza, le sue pazienti spiegazioni e i suoi consigli, ha contribuito a dare una spinta fondamentale ai miei studi sui precursori sismici.*

*Sono grato, infine, ai cari amici e fratelli **Marco Calore** e **Giorgio Tavano Blessi**, per i preziosi consigli sulla prevenzione sismica e sulla pubblicazione dell'articolo scientifico cui questo libro fa riferimento.*

INDICE